高职高专项目导向系列教材

高分子材料化学基础

高分子化学篇

张立新　主编

化学工业出版社

·北京·

本教材主要内容分为认识高聚物、连锁聚合反应、逐步聚合反应和高聚物的化学反应四个学习情境，每个学习情境明确了知识目标要求及能力目标要求。根据本专业必需的高分子化学知识，采用“典型实例分析”、“与生产实际相结合的应用”等学习任务为导向，引导学生通过对教材中相关内容的学习获取知识完成任务，进而激发学生学习兴趣，使学生在完成任务的过程中，既能掌握基础知识，又能拓展知识面，达到学习的目的。任务选取考虑了与专业的联系、后续课程的联系和本课程知识体系三个方面，任务与知识内容联系紧密，配以自我评价，帮助学生理解学习内容和提高学习效果。

本教材体现了以任务驱动、项目导向的教学改革模式，可作为高职高专高分子材料应用技术专业以及化工技术类相关专业教材，也可供从事该专业的相关企业工程技术人员参阅。

图书在版编目（CIP）数据

高分子材料化学基础．高分子化学篇/张立新主编．—北京：化学工业出版社，2014.1（2022.8重印）
高职高专项目导向系列教材
ISBN 978-7-122-19221-9

Ⅰ.①高…　Ⅱ.①张…　Ⅲ.①高分子材料-高分子化学-高等职业教育-教材　Ⅳ.①TB324

中国版本图书馆 CIP 数据核字（2013）第 291949 号

责任编辑：窦　臻　　文字编辑：糜家铃
责任校对：陶燕华　　装帧设计：刘丽华

出版发行：化学工业出版社（北京市东城区青年湖南街 13 号　邮政编码 100011）
印　　装：天津盛通数码科技有限公司
787mm×1092mm　1/16　印张 8¼　字数 188 千字　2022 年 8 月北京第 1 版第 10 次印刷

购书咨询：010-64518888　　售后服务：010-64518899
网　　址：http://www.cip.com.cn
凡购买本书，如有缺损质量问题，本社销售中心负责调换。

定　　价：24.00 元

前言

高分子科学发展至今已成为一门独立的学科，而高分子合成材料也因为其品种多、产量大及性能优异，目前已经广泛应用于人们的日常生产及生活的各个领域，促使越来越多的人从事高分子领域的研究与生产。

高分子化学是高职高专高聚物生产技术、高分子材料应用技术及高分子材料加工等专业学生必修的一门重要的专业基础课。为了适应高职以任务驱动、项目导向的教学改革趋势，根据高等职业教育的特点及课程性质，结合高分子材料相关专业的专业课需求，在注意学科基本知识结构的基础上，浅化了部分复杂的理论，突出了利用基本规律解决实际问题，知识内容由浅入深，从基础到应用，突出了知识的应用性。本书按照任务描述、任务分析、相关知识、自我评价等项目化课程体例格式编写，表现形式多样化，直观易读。以典型学习任务为导向，引导学生通过对教材中相关内容的学习和不同渠道获取的知识，来完成任务，进而激发学生的学习兴趣，使学生在完成任务的过程中，既能掌握基础知识，又能拓展知识面，达到学习的目的。

本书在编写过程中，得到辽宁石化职业技术学院高分子材料专业教研室杨连成、马超、赵若东、付丽丽及石红锦的大力支持，在此表示感谢！

由于编者的水平有限，难免存在疏漏与不足，敬请大家批评指正！

编者

2013 年 10 月

目录

学习情境一

认识高聚物

【知识目标】

掌握高聚物的基本概念、分类及命名方法；掌握高聚物形成反应的特点；了解高分子科学的发展历程及高分子材料的实际应用。

【能力目标】

能熟练地命名各类高聚物；能规范写出聚合物的分子式；能判别聚合物的形成反应类型。

任务一　高聚物的判别

【任务介绍】

已知6种化合物：氯乙烯、1,3-丁二烯、甲基丙烯酸甲酯、对苯二甲酸、乙二醇、己内酰胺。

完成以下任务：

1. 写出利用以上化合物形成高聚物的化学反应式；
2. 命名高聚物，指出其单体、结构单元及重复结构单元；
3. 将高聚物按其用途及主链结构进行分类。

【任务分析】

利用有机化学的基本知识，正确分析化合物的基本结构特征，判别所形成高聚物的结构。观察日常生活中所见到的、用到的材料是否属于高分子材料。

【相关知识】

一、高聚物的基本概念

高分子化合物（简称高分子，又称高聚物）是由许多相同的、简单的重复单元通过共价键连接而成的大分子所组成的化合物。常用高聚物的相对分子质量高达$10^4\sim10^6$，分子链很长，一般在$10^{-7}\sim10^{-5}$m之间。

【实例1-1】 由苯乙烯聚合形成聚苯乙烯。

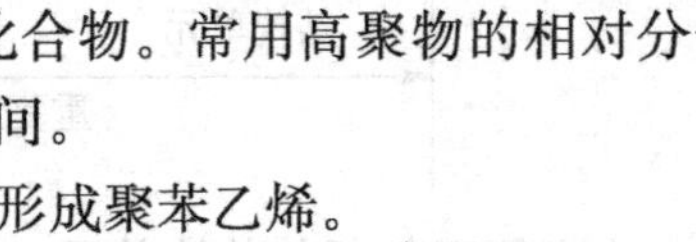

【实例 1-2】 由己二胺和己二酸聚合形成聚酰胺。

$$nH_2N(CH_2)_6NH_2 + nHOOC(CH_2)_4COOH \longrightarrow H\!-\!\!\left[HN(CH_2)_6NHOC(CH_2)_4CO\right]_n\!\!-\!OH + (2n-1)H_2O$$

二、高聚物的基本术语

在描述高聚物时，常采用单体、单体单元、结构单元、重复结构单元及聚合度等术语。

由前面两个实例可见，虽然高聚物的相对分子质量很大，但都是由小分子通过一定的化学反应形成的，通常把用于合成聚合物的低分子化合物称为单体，也是合成高聚物的原料。如苯乙烯经聚合反应形成聚苯乙烯，苯乙烯就称为聚苯乙烯的单体；同样，己二胺和己二酸是聚酰胺的单体。但也有特例，如聚乙烯醇就是根据其结构假想来的，实际上乙烯醇单体是不存在的。对于一个聚合反应体系，可以只有一个单体，也可以由两个或两个以上单体。

高聚物是由低分子化合物经过聚合反应形成的，其形成过程可写成如下形式：

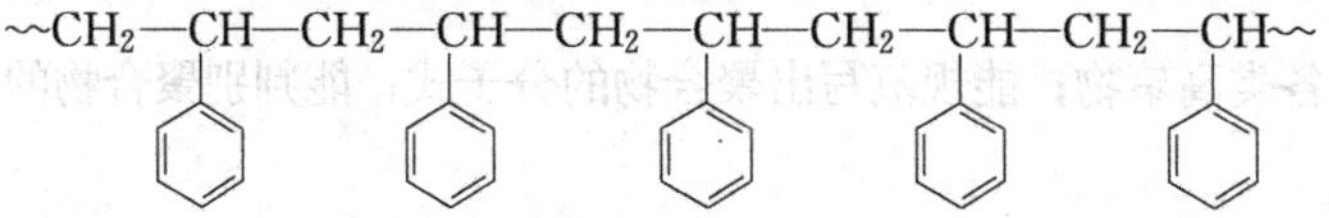

可见，聚苯乙烯分子由许多苯乙烯分子的结构单元重复连接而成。构成高分子链的基本单元称为结构单元，符号~~代表高分子的碳链骨架。为方便起见，习惯写成：

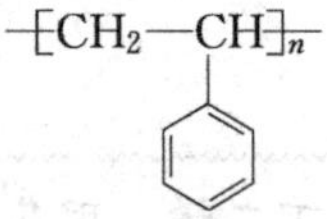

聚苯乙烯的结构单元与所用原料苯乙烯单体分子相比，除了电子结构有所改变外，其原子种类和各种原子的个数完全相同，这种结构单元又称单体单元，且此结构在分子链中重复着，故将此基本结构也称为聚苯乙烯的重复结构单元，n 代表重复单元数，称为聚合度，又俗称链节数，常以 $\overline{X}_n$ 表示。可见，像聚苯乙烯这类聚合物，单体单元、结构单元、重复结构单元都是相同的。

聚酰胺是由己二胺和己二酸两种单体合成的，由方括号里的单元重复连接而成，称为重复结构单元。但它的结构单元有两个，且合成中有小分子水生成，造成结构单元与单体的组成不同，这种结构单元不能称为单体单元。这类聚合物的结构单元和重复结构单元是不同的。

【实例 1-3】 聚苯乙烯

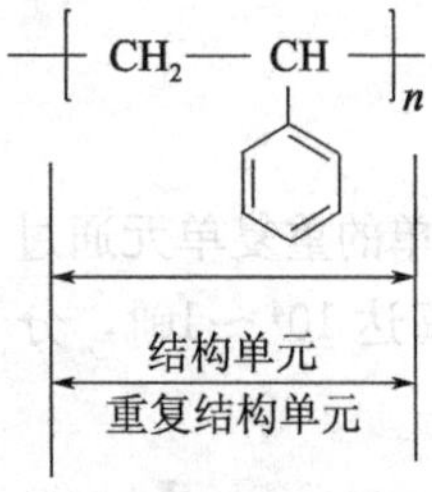

【实例 1-4】 聚酰胺

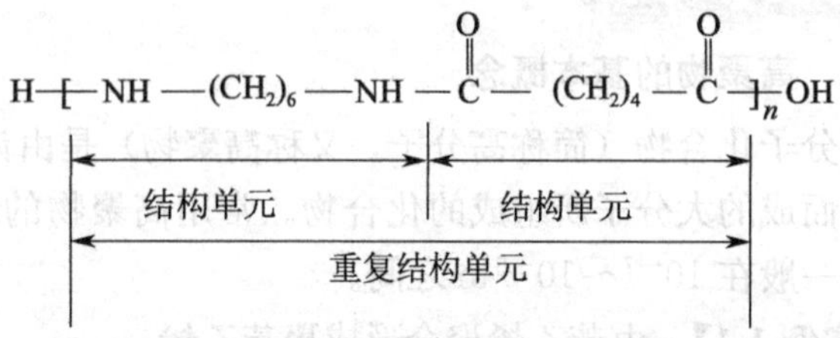

特例：聚乙烯和聚四氟乙烯，为了便于判断其单体单元，人们习惯写成 $\left[CH_2-CH_2\right]_n$ 和 $\left[CF_2-CF_2\right]_n$，也就是不将$-CH_2-$和$-CF_2-$作为其结构单元（重复结构单元），而是把$-CH_2-CH_2-$和$-CF_2-CF_2-$看成其结构单元（重复结构单元）。

三、高聚物的聚合度及相对分子质量

高聚物作为材料使用的最基本要求就是要具有一定的强度。聚合物的强度与其相对分子质量大小密切相关，因此，高分子在合成、加工及应用时的一个重要参数就是相对分子质量。

聚合度是衡量高分子大小的一个重要指标。由前面的聚合物结构式很容易看出，聚合物的平均相对分子质量 M 是重复结构单元的相对分子质量（M_0）与重复结构单元数（或聚合度）的乘积，即：$\overline{M}=\overline{X}_nM_0$ 或 $M=nM_0$。式中，$\overline{M}$ 代表聚合物的平均相对分子质量，M_0 代表重复结构单元的相对分子质量。

【实例 1-5】 以聚氯乙烯单体为原料，经聚合得到的聚氯乙烯按其用途不同其相对分子质量可在 5 万～15 万之间变化，其重复结构单元相对分子质量为 62.5，试计算其聚合度。

解：$\overline{X}_n=\overline{M}/M_0=50000\sim150000/62.5=800\sim2400$

说明一个聚氯乙烯大分子是由大约 800～2400 个氯乙烯单元构成的。

但对于聚酰胺、聚酯一类聚合物，平均相对分子质量是结构单元数 $\overline{X}_n$ 和两种结构单元平均相对分子质量 $\overline{M}_0$ 的乘积，将在逐步聚合反应中介绍。

高聚物的相对分子质量与低分子化合物不同，是个平均值。原因是高聚物都是由一组聚合度不等、结构形态不同的一系列同系物的混合物所组成的，该特点被称为高聚物相对分子质量的多分散性。一些常用高聚物的相对分子质量见表 1-1。

表 1-1 一些常用高聚物的相对分子质量（以万计）

塑 料	相对分子质量	橡 胶	相对分子质量	纤 维	相对分子质量
高密度聚乙烯	6～30	天然橡胶	20～40	涤纶	1.8～2.3
聚氯乙烯	5～15	丁苯橡胶	15～20	尼龙 66	1.2～1.8
聚苯乙烯	10～30	顺丁橡胶	25～30	维尼纶	6～7.5
聚碳酸酯	2～6	氯丁橡胶	10～12	聚丙烯(纤维级)	12～18

可见，即使平均相对分子质量相同的聚合物，分子量分布也可能不同，主要是由于相对分子质量相等的各部分所占的比率不同所造成的。因此，除了平均相对分子质量外，分子量分布也是影响聚合物性能的重要因素之一。

低相对分子质量部分将使聚合物的强度降低，相对分子质量过高的部分又将使其在成型加工时塑化困难。从加工的角度来看，不同聚合物材料应该有不同的分布范围。如合成纤维的相对分子质量分布宜窄，合成橡胶的相对分子质量分布宜宽。

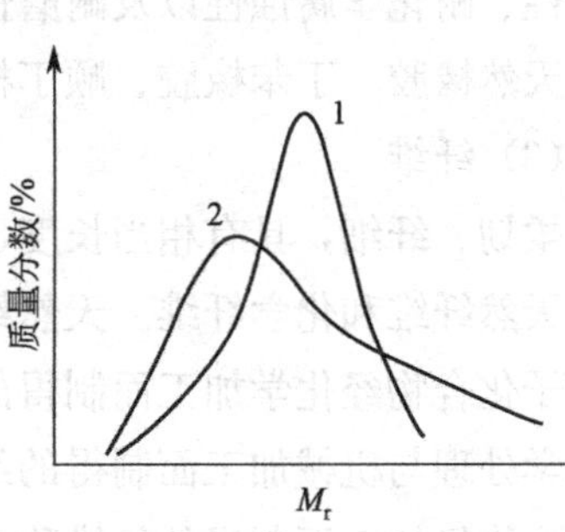

图 1-1 高聚物相对分子质量分布曲线

1—分布较窄；2—分布较宽

高聚物相对分子质量的多分散程度可用相对分子质量分散系数 HI 或相对分子质量分布曲线来表示。HI 值越接近于 1，说明相对分子质量分布越窄；HI 值越大，表明分布越宽。图 1-1 所示是两种典型高聚物的相对分子质量分布曲线。相对分子质量分布曲线可直观看出高聚物相对分子质量的多分散性。图中试样 1 分子量分布较窄；试样 2 分子量分布较宽。

四、高聚物的分类

高聚物的种类很多，可以从不同的角度进行分类。

1. 根据高分子的来源分类

高分子按照其来源可分为天然高分子、半天然高分子和合成高分子。

（1）天然高分子

自然界天然存在的高分子化合物。如淀粉、纤维素、明胶、蚕丝、羊毛、天然橡胶等。

（2）半天然高分子

经化学改性后的天然高分子化合物。如硝化纤维素、醋酸纤维素等。

（3）合成高分子

由小分子化合物经聚合反应形成的高分子化合物，如由乙烯聚合得到的聚乙烯、氯乙烯聚合得到的聚氯乙烯等。

2. 根据高聚物的性能和用途分类

聚合物主要用作材料，根据制成材料的性能和用途，一般分为塑料、橡胶、纤维、涂料、胶黏剂、离子交换树脂及功能高分子等。通常把塑料、橡胶和纤维称为三大合成材料。

（1）塑料

在一定温度和压力下具有流动性，可塑化加工成型，而产品最后能在常温下保持形状不变的一类高分子材料。塑料可分热塑性塑料与热固性塑料两种。热塑性塑料可熔可溶，在一定条件下可以反复加工成型，对塑料制品的再生很有意义，占塑料总产量的70%以上，如聚乙烯、聚丙烯、聚氯乙烯等；热固性塑料不熔不溶，在一定温度与压力下加工成型时会发生化学变化，不可以反复加工，如酚醛树脂、脲醛树脂、环氧树脂等。

（2）橡胶

在室温下具有高弹性的高分子材料称为橡胶。它在外力作用下能发生较大的形变，当外力解除后，又能迅速恢复其原来形状。橡胶具有独特的高弹性，还具有良好的疲劳强度、电绝缘性、耐化学腐蚀性以及耐磨性等，是国民经济中不可缺少和难以替代的重要材料。常见的有天然橡胶、丁苯橡胶、顺丁橡胶、异戊橡胶、氯丁橡胶、丁基橡胶等。

（3）纤维

柔韧、纤细，具有相当长度、强度、弹性和吸湿性的丝状高分子材料称为纤维。纤维可分为天然纤维和化学纤维。天然纤维指棉花、羊毛、蚕丝和麻等；化学纤维指用天然或合成高分子化合物经化学加工而制得的纤维。化学纤维又分为人造纤维和合成纤维，将天然纤维经化学处理与机械加工而制得的纤维称为人造纤维，如人造丝（黏胶纤维）；由合成的高分子化合物经加工而制得的纤维称为合成纤维，如聚酯纤维（涤纶）、聚酰胺纤维（尼龙）、聚丙烯腈纤维（腈纶）和聚丙烯纤维（丙纶）等。

实质上，塑料、橡胶和纤维这三类聚合物有时很难严格区分。例如聚丙烯既可制成塑料制品，也可制成丙纶纤维；聚酰胺既可以作工程塑料又可作纤维等。

3. 根据高分子主链结构分类

高分子化合物通常以有机化合物为基础，根据其主链结构，可分为碳链、杂链、元素有机高聚物和无机高聚物。

（1）碳链高聚物

高分子主链完全由碳原子组成。绝大部分单烯类和二烯类聚合物属于此类。如聚乙烯、聚丙烯、聚氯乙烯、聚苯乙烯等，详见表 1-2。

表 1-2 常见的碳链高聚物

高聚物名称	重复结构单元	单体结构	英文缩写
聚乙烯	$-CH_2-CH_2-$	$CH_2=CH_2$	PE
聚丙烯	$-CH_2-\underset{CH_3}{\underset{\mid}{CH}}-$	$CH_2=\underset{CH_3}{\underset{\mid}{CH}}$	PP
聚苯乙烯	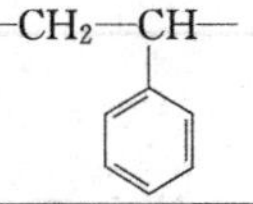	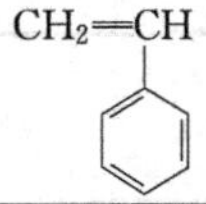	PS
聚氯乙烯	$-CH_2-\underset{Cl}{\underset{\mid}{CH}}-$	$CH_2=\underset{Cl}{\underset{\mid}{CH}}$	PVC
聚偏二氯乙烯	$-CH_2-\overset{Cl}{\overset{\mid}{\underset{Cl}{\underset{\mid}{C}}}}-$	$CH_2=\overset{Cl}{\overset{\mid}{\underset{Cl}{\underset{\mid}{C}}}}$	PVDC
聚四氟乙烯	$-CF_2-CF_2-$	$CF_2=CF_2$	PTEF
聚三氟氯乙烯	$-CF_2-\underset{Cl}{\underset{\mid}{CF}}-$	$CF_2=\underset{Cl}{\underset{\mid}{CF}}$	PCTEF
聚异丁烯	$-CH_2-\overset{CH_3}{\overset{\mid}{\underset{CH_3}{\underset{\mid}{C}}}}-$	$CH_2=\overset{CH_3}{\overset{\mid}{\underset{CH_3}{\underset{\mid}{C}}}}$	PLB
聚丙烯酸	$-CH_2-\underset{COOH}{\underset{\mid}{CH}}-$	$CH_2=\underset{COOH}{\underset{\mid}{CH}}$	PAA
聚丙烯酰胺	$-CH_2-\underset{CONH_2}{\underset{\mid}{CH}}-$	$CH_2=\underset{CONH_2}{\underset{\mid}{CH}}$	PAM
聚丙烯酸甲酯	$-CH_2-\underset{COOCH_3}{\underset{\mid}{CH}}-$	$CH_2=\underset{COOCH_3}{\underset{\mid}{CH}}$	PMA
聚甲基丙烯酸甲酯	$-CH_2-\overset{CH_3}{\overset{\mid}{\underset{COOCH_3}{\underset{\mid}{C}}}}-$	$CH_2=\overset{CH_3}{\overset{\mid}{\underset{COOCH_3}{\underset{\mid}{C}}}}$	PMMA
聚丙烯腈	$-CH_2-\underset{CN}{\underset{\mid}{CH}}-$	$CH_2=\underset{CN}{\underset{\mid}{CH}}$	PAN
聚醋酸乙烯酯	$-CH_2-\underset{OCOCH_3}{\underset{\mid}{CH}}-$	$CH_2=\underset{OCOCH_3}{\underset{\mid}{CH}}$	PVAc

续表

高聚物名称	重复结构单元	单体结构	英文缩写
聚乙烯醇	$-CH_2-CH(OH)-$	$CH_2{=}CH(OH)$（假想）	PVA
聚丁二烯	$-CH_2-CH{=}CH-CH_2-$	$CH_2{=}CH-CH{=}CH_2$	PB
聚异戊二烯	$-CH_2-CH{=}C(CH_3)-CH_2-$	$CH_2{=}CH-C(CH_3){=}CH_2$	PIP
聚氯丁二烯	$-CH_2-CH{=}C(Cl)-CH-$	$CH_2{=}CH-C(Cl){=}CH_2$	PCP

（2）杂链高聚物

高分子主链中除碳原子外，还有氧、氮、硫等杂原子。如聚甲醛、聚醚、聚酯、聚酰胺、聚碳酸酯等，详见表 1-3。

表 1-3　常见的杂链高聚物及元素有机高聚物

高聚物名称	重复结构单元	单体结构	英文缩写
聚甲醛	$-CH_2-O-$	$CH_2{=}O$	POM
聚环氧乙烷	$-CH_2-CH_2-O-$	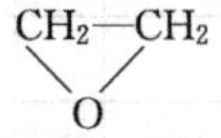	PEOX
聚环氧丙烷	$-CH_2-CH(CH_3)-O-$	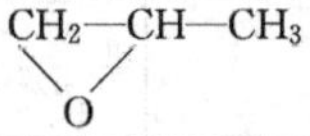	PPOX
聚 2,5-二甲基苯醚	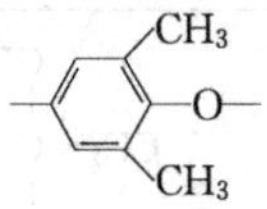	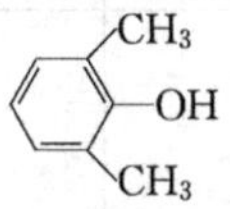	PPO
聚对苯二甲酸乙二醇酯	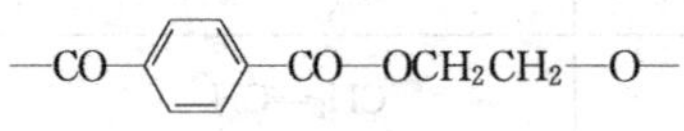	 $HO-CH_2-CH_2-OH$	PET
环氧树脂	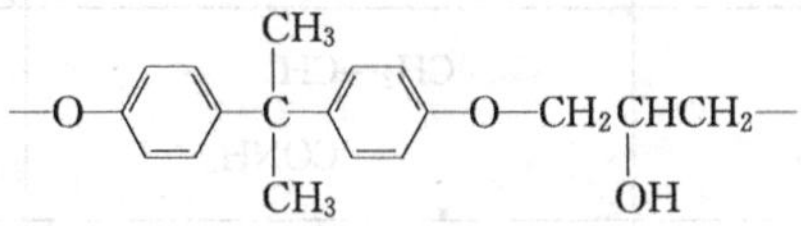	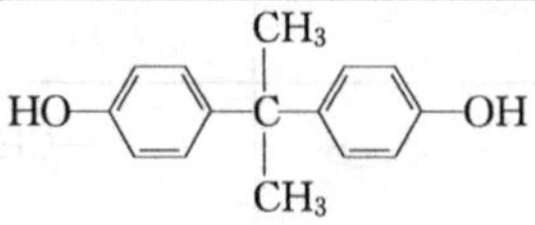 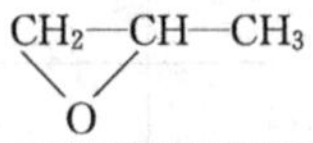	EP
聚碳酸酯	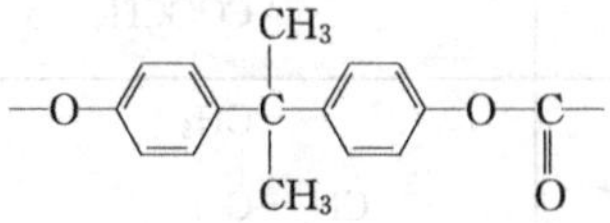	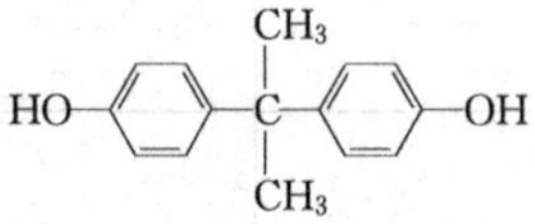 $COCl_2$	PC
聚苯砜	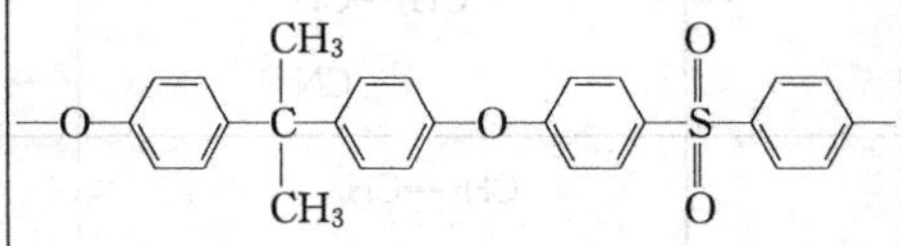	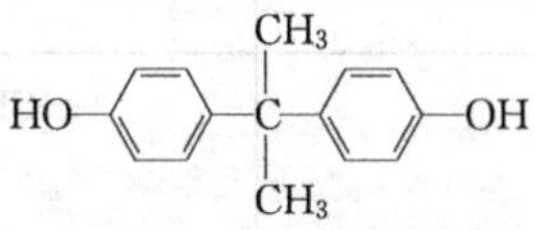 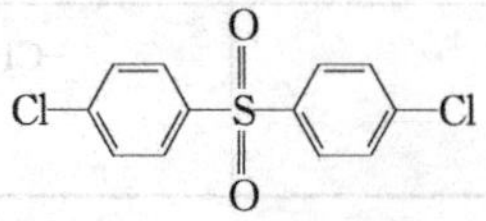	PASU

续表

高聚物名称	重复结构单元	单体结构	英文缩写
尼龙 6	$—NH(CH_2)_5CO—$	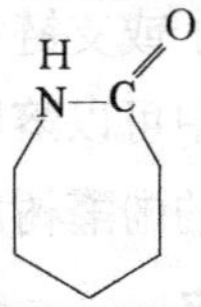	PA6
尼龙 66	$—NH(CH_2)_6NH—CO(CH_2)_4CO—$	$H_2N(CH_2)_6NH_2$ $HOOC(CH_2)_4COOH$	PA66
聚氨酯	$—O(CH_2)_2O—CONH(CH_2)_6NHCO—$	$HO(CH_2)_2OH$ $ONC(CH_2)_6CNO$	
聚脲	$—NH(CH_2)_6NH—CONH(CH_2)_6NHCO—$	$H_2N(CH_2)_6NH_2$ $ONC(CH_2)_6CNO$	
酚醛树脂	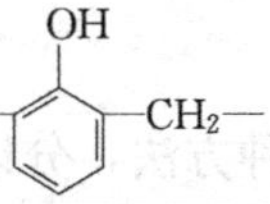	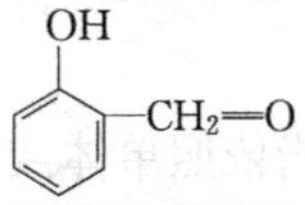	
聚硫橡胶	$—CH_2CH_2—\underset{\|\|}{\overset{}{S}}—\underset{\|\|}{\overset{}{S}}—$ (S=S, S=S)	$ClCH_2CH_2Cl$ Na_2S_4	PSR
硅橡胶	$—O—Si(CH_3)_2—$	$Cl—Si(CH_3)_2—Cl$	

(3) 元素有机高聚物

高分子主链中没有碳原子，主要由硅、硼、氧、氮、铝、钛等原子组成，但侧基由有机基团组成。如有机硅橡胶、聚钛氧烷等，详见表 1-3。

聚硅氧烷 $\left[\mathrm{Si(R)_2—O} \right]_n$　　聚钛氧烷 $\left[\mathrm{Ti(R)_2—O} \right]_n$

(4) 无机高聚物

高分子主链及侧链均无碳原子。如硅酸盐类等。

4. 根据高分子几何形状分类

(1) 线型高分子

没有支链的长链分子。其特点是热塑性的，加热可以熔融而且在适当的溶剂中可以溶解。如低压聚乙烯、聚丙烯、聚苯乙烯、聚酯等。如图 1-2 所示。

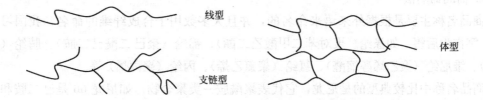

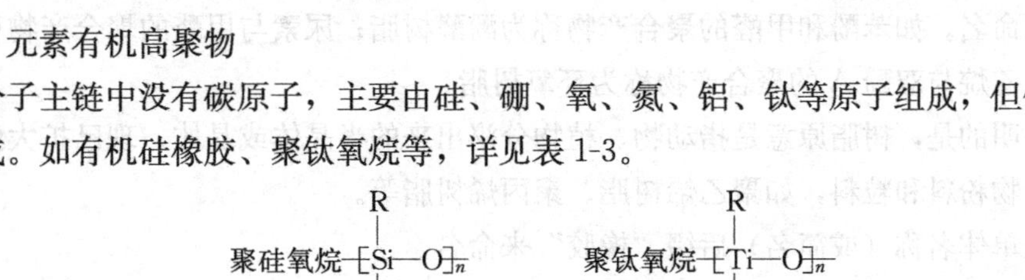

图 1-2 高分子的几何形状

(2) 支链型高分子

线型长链分子上带有长短不等支链的高分子。其特点与线型高分子相似，但热塑性和可溶性会随支化程度的不同而改变。如高压聚乙烯、接枝共聚物 ABS 树脂等。如图 1-2 所示。

(3) 体型高分子

由许多线型高分子或支链型高分子在一定条件下交联而成三维空间网状结构的高分子。其特点是在适当溶剂中可以溶胀，但不能溶解，受热可软化但不能熔化，强热则分解，不可反复熔化。如固化后的酚醛树脂、脲醛树脂、硫化橡胶等。如图 1-2 所示。

五、高聚物的命名

天然高分子一般依据来源、化学性质、主要用途或功能有其专用名称。如纤维素（来源)、淀粉（用途)、酶（化学功能)、蛋白质（来源)、核酸（化学性质）等。

合成高分子的种类和用途繁多，一直以来并没有统一的命名方法，有时同一种聚合物会有好几种命名方法，现分别介绍如下。

1. 习惯命名法

习惯命名法是指依照单体或聚合物结构来命名的一种方法，分以下几种情况。

(1) 在原料单体或假想单体名称前面冠以“聚”字来命名

如聚乙烯、聚丙烯、聚氯乙烯和聚己内酰胺等。但聚乙烯醇是由假想乙烯醇链节结构而命名的，实际上聚乙烯醇是聚乙酸乙烯酯的水解产物。

(2) 在单体名称（或简名）后缀“树脂”来命名

这种方法通常用来命名由两种或两种单体以上合成的共聚物，有时也会在两种单体中各取一个字来命名。如苯酚和甲醛的聚合产物称为酚醛树脂；尿素与甲醛的聚合产物称为脲醛树脂；环氧乙烷与双酚 A 的聚合产物称为环氧树脂。

需要说明的是，树脂原意是指动物、植物分泌出来的半晶体或晶体，现已扩大到成型加工前的聚合物粉料和粒料，如聚乙烯树脂、聚丙烯树脂等。

(3) 在单体名称（或简名）后缀“橡胶”来命名

如丁二烯与苯乙烯聚合产物称为丁苯橡胶；丁二烯与丙烯腈聚合产物称为丁腈橡胶；丁二烯聚合顺式结构产物称为顺丁橡胶等。

(4) 以聚合物的结构特征来命名

如对苯二甲酸与乙二醇的聚合产物称为聚对苯二甲酸乙二醇酯；己二酸与己二胺的聚合产物称为聚己二酰己二胺；2,6-二甲基酚聚合产物称为聚 2,6-二甲基苯醚等。有时也利用结构特征来命名某一类高聚物，如高分子主链重复单元中含有酯键（—OCO—）的一类高聚物称为聚酯；类似的有聚醚（—O—)、聚酰胺（—NHCO—)、聚砜（—SO_2—）等。

2. 商品命名法

商品名称主要是根据外来语来命名的，并且大多数用于合成纤维的命名，我国习惯以“纶”字作为后缀。如涤纶（聚对苯二甲酸乙二酯)、锦纶（聚己二酰己二胺)、腈纶（聚丙烯腈)、维尼纶（聚乙烯醇缩醛)、氯纶（聚氯乙烯)、丙纶（聚丙烯）等。

商品名称中比较典型的是尼龙，它代表聚酰胺一类聚合物。如尼龙 66 是己二胺和己二酸的聚合产物，后面第一个数字表示二元胺的碳原子数，第二个数字表示二元酸的碳原子数，同理，尼龙 610 就是己二胺和癸二酸的聚合产物；如果尼龙名称后面只有一个数字的则是代表氨基酸或内酰胺的聚合物，如尼龙 6 是己内酰胺或 ω-氨基己酸的聚合物。

常见的还有由甲基丙烯酸甲酯聚合得到的片状产物称为有机玻璃；由玻璃纤维增强的不饱和聚酯或环氧树脂称为玻璃钢等。

3. 系统命名法

上述几种命名方法虽然简单、方便，但在科学上并不严格，有时也会出现混乱。例如，重复结构单元为—OCH_2CH_2—的聚合物，很难说明其单体结构和来源，环氧乙烷、乙二醇等都能通过适当途径制得这种产物。因而在1972年，国际纯粹与应用化学联合会（IUPAC）对高聚物提出了系统命名法，类似于有机物的命名方法，虽然比较严谨，但因使用上烦琐，目前尚未普遍使用。

4. 聚合物名称的缩写

人们在书写聚合物名称时，为了简便，常常写成英文缩写名，例如聚乙烯写成PE，聚甲基丙烯酸甲酯写成PMMA，丙烯腈-丁二烯-苯乙烯的三元共聚物写成ABS树脂，丁苯橡胶写成SBR等。常见的英文名称缩写见表1-2、表1-3。

六、高分子材料的应用

材料是人类生产和生活的物质基础，与能源及信息技术并列成为现代科学技术发展的三大支柱。按其化学成分，材料可分为金属材料、无机非金属材料、有机高分子材料和复合材料四大类。高分子合成材料是20世纪用化学方法制造的一种新型材料，它具有不同于低分子的独特的物理、化学和力学性能，在短短的几十年内，高分子材料迅速发展，已与有几百上千年历史的传统材料并驾齐驱，原料来自石油、天然气和煤，其资源比金属矿藏丰富得多，目前，在相当程度上取代了钢材、水泥、木材和陶瓷等材料。高分子材料具有许多优良性能，是当今世界发展最迅速的产业之一，已广泛应用到电子信息、生物医药、航天航空、汽车工业、包装、建筑等各个领域。

高分子材料在人类现代生活的衣、食、住、行、用等各个方面的应用更是不胜枚举，图1-3是一个家庭妇女在厨房里所看到的，几乎到处都有高分子材料。

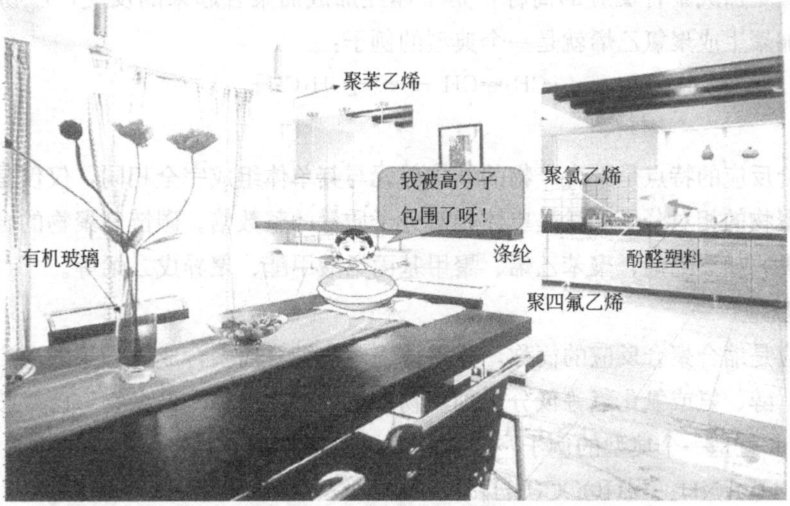

图1-3 身边的高分子材料

任务二　高聚物的形成反应

【任务介绍】

已知 8 种聚合物：聚苯乙烯、丁苯橡胶、顺丁橡胶、有机玻璃、尼龙 6、尼龙 610、涤纶、ABS树脂。

完成以下任务：

1. 分析单体形成聚合物后结构的变化并判别聚合反应类型；
2. 分析单体形成聚合物的聚合机理并判别聚合反应类型。

【任务分析】

利用高聚物形成过程特点、单体及聚合物结构的变化，分析高聚物形成反应的特点，进而判断其类型。

【相关知识】

由低分子单体合成聚合物的化学反应称为高聚物的形成反应，简称聚合反应。聚合反应有多种类型，可以从不同的角度进行分类，常用的有以下两种。

一、按单体与聚合物的组成和结构变化分类

早在 20 世纪 30 年代时，美国化学家华莱士・卡罗瑟斯（Carothers）曾将为数不多的聚合反应分成加聚反应和缩聚反应两大类，随着高分子化学的发展，新的聚合反应不断开发，增列了开环聚合反应。

1. 加聚反应

加聚反应是加成聚合反应的简称，是单体经加成而聚合起来的反应，产物被称作加聚物。氯乙烯加聚生成聚氯乙烯就是一个典型的例子：

$$nCH_2{=}\underset{\substack{|\\ Cl}}{CH} \longrightarrow \text{-}\!\!\left[CH_2\underset{\substack{|\\ Cl}}{CH}\right]_n\!\!\text{-}$$

这类聚合反应的特点是聚合产物的结构单元与其单体组成完全相同，仅仅是电子结构有所变化；加聚物的相对分子质量是单体相对分子质量的整数倍。碳链高聚物的合成反应大多数都属于此类，如聚乙烯、聚苯乙烯、聚甲基丙烯酸甲酯、聚异戊二烯等。

2. 缩聚反应

缩聚反应是缩合聚合反应的简称，是单体经多次缩合而聚合成大分子的反应，反应过程中还伴有水、醇、氨或氯化氢等低分子副产物产生，产物被称作缩聚物。己二胺和己二酸反应生成尼龙 66 就是一个典型的例子：

$$nH_2N(CH_2)_6NH_2 + nHOOC(CH_2)_4COOH \longrightarrow$$

$$H\text{-}\!\!\left[HN(CH_2)_6NHOC(CH_2)_4CO\right]_n\!\!OH + (2n-1)H_2O$$

这类聚合反应的特点是缩聚物中往往留有官能团的结构特征，如酰胺键—NHCO—、

酯键—OCO—、醚键—O—等；聚合物的结构单元要比单体少若干原子；缩聚物的相对分子质量不是单体相对分子质量的整数倍。杂链高聚物的合成反应多数属于此类，如聚酯、聚酰胺、酚醛树脂、脲醛树脂等。

3. 开环聚合反应

人们将环状单体聚合成线型聚合物的反应称作开环聚合反应。产物结构类似缩聚物，但反应中无低分子副产物产生，且聚合产物与单体组成相同，又有点类似加聚。如环氧乙烷开环生成聚环氧乙烷，己内酰胺开环聚合生成聚酰胺 6（尼龙 6）等：

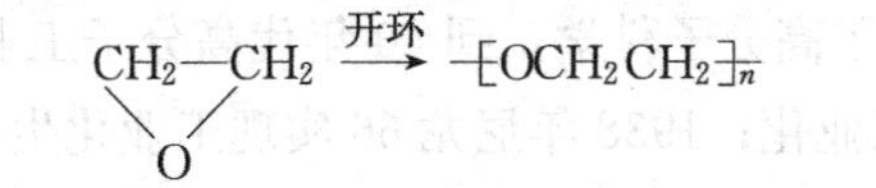

环氧乙烷　　聚环氧乙烷

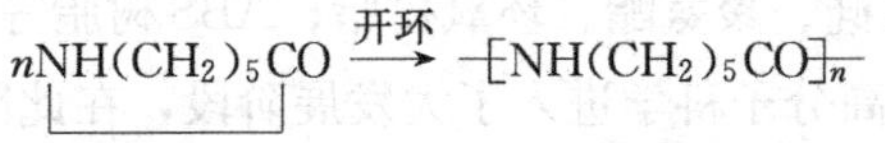

己内酰胺　　尼龙 6

二、按聚合机理分类

随着对聚合反应研究的更加深入，在 20 世纪 50 年代美国化学家 Flory 根据聚合反应机理和动力学的不同，将聚合反应分成连锁聚合反应和逐步聚合反应两大类。

1. 连锁聚合反应

多数烯类单体的加聚反应属于连锁聚合反应。连锁聚合反应需要活性中心（活性种），单体与活性中心反应使链不断增长，活性中心可以是自由基、阴离子或阳离子，因而连锁聚合反应可分为自由基聚合、阴离子聚合和阳离子聚合。连锁聚合反应由链引发、链增长、链终止等各部基元反应组成，各基元反应的速率和活化能差别很大，体系中始终由单体和高聚物组成，没有相对分子质量递增的中间产物，连锁聚合反应一般为不可逆反应。

2. 逐步聚合反应

多数缩聚反应和加成反应属于逐步聚合反应。逐步聚合反应不需要特定的活性中心，是由低分子转变成高分子的过程，反应缓慢逐步进行。在反应初期，大部分单体很快聚合形成二聚体、三聚体、四聚体等低聚物，随后，低聚物之间继续发生聚合反应，相对分子质量逐步提高，每一步的反应速率和活化能基本相同，聚合体系由单体和相对分子质量递增的系列中间产物组成，大多数逐步聚合反应为可逆反应。

按聚合反应机理分类的方法既可以反映聚合反应的本质，也可以利用其特征来控制聚合速率和产物的相对分子质量等聚合反应重要指标，因此，按聚合机理分类非常重要。

三、高分子科学发展的几个时代

高分子科学的建立与发展与高分子化学工业的建立与发展密切相关。从高分子科学的发展历史来看大致分为以下几个阶段。

1. 天然高分子时代

追溯到古代，人类就与高分子材料密切相关。远在 19 世纪以前，人类就使用棉、麻、丝、毛等天然高分子作织物材料；使用竹、木作生产工具或建筑材料；使用天然橡胶作容器、雨具等生活用品。纤维造纸、皮革鞣制、油漆应用等是天然高分子早期的化学加工。

19 世纪中期开始，为了进一步满足多方面应用的需要，对天然高分子有了较大规模的化学改性，如 1839 年对天然橡胶进行硫化加工；1868 年硝酸纤维素（赛璐璐）问世、1893 年黏胶纤维问世。

2. 合成高分子时代

20 世纪初期，虽然没有正式提出高分子的概念，但已经合成了第一个缩聚物和第一个加聚物。1907 年酚醛树脂问世，并在 1909 年实现了工业化；第一次世界大战期间（1911 年）出现了丁钠橡胶。

20 世纪 20 年代起诞生了高分子科学，到 40 年代高分子工业发展更为迅速，1927 年聚氯乙烯热塑性树脂实现了工业化；1938 年尼龙 66 实现工业化生产，与此同时，相继开发了一系列烯烃类加聚物。如聚甲基丙烯酸甲酯、聚醋酸乙烯酯、聚苯乙烯、低密度聚乙烯、丁基橡胶、不饱和聚酯、有机硅、聚氨酯、环氧树脂、ΛBS 树脂等。

20 世纪 50～60 年代，高分子科学进入了大发展阶段，在此阶段，无论单体原料、高聚物性能、合成反应等几方面都出现了新的突破，出现了许多新的聚合方法和聚合物品种，高分子科学和工业的发展更加迅速，规模也逐渐扩大。在 1953 年和 1954 年，Ziegler 和 Natta 分别发明了金属有机络合引发体系，在较低的温度和压力下合成了高密度聚乙烯和聚丙烯，开拓了高分子合成的新领域，他们两人也因此获得了诺贝尔奖。同时，Szwarc 也对阴离子聚合和活性高分子的研制做出了新的研究。这些为 60 年代以后的聚烯烃、顺丁橡胶、异戊橡胶、乙丙橡胶以及 SBS（苯乙烯-丁二烯-苯乙烯）嵌段共聚物的大规模发展提供了理论基础。开发了大量工程塑料如聚苯醚、聚酰亚胺、聚砜等。

3. 高分子的功能化发展时代

20 世纪 70～80 年代，高分子科学主要开展特殊功能高分子材料的研究，通过分子设计合成具有指定结构、性能和用途的新型高分子材料，伴随着与医学、生物学、信息学及能源科学等多种学科的交叉，使高分子科学的发展进入了一个崭新的时代，且发展极其迅速。

4. 高分子科学的多向发展时期

20 世纪 80～90 年代，高分子科学更趋成熟，除了原有聚合物以更大规模、更加高效的工业生产以外，向着结构更精细、性能更先进的方向发展。如开发超高模量、超高强度、耐高温、抗静电、耐油性材料等。

5. 高分子科学的发展展望

高分子科学由于理论的不断完善和技术手段的更新，已经开始与其他学科相互渗透和相互结合，呈现多向发展的趋势。高分子工业的发展方向是提高树脂产量、改进性能和处理三废。

随着高分子工业的快速发展，应用领域的逐步扩大，合成高分子材料的废弃量大量增大，对环境保护造成了极大的压力。现在世界各国大力推进“绿色”高分子，也称“环境友好”高分子。如用玉米和甜菜为原料，经发酵得乳酸，经本体聚合成聚乳酸，用它制成医用外科缝合线，可自降解掉，不用拆线；用它代替聚乙烯作为包装材料和农用薄膜，解决了这一领域令人头疼的大量废弃物的处理问题。以可再生的农副产品为原料代替日趋短缺的不可再生的石油资源，真正体现了绿色的内涵。

自我评价

1. 什么是高分子化合物？与小分子化合物相比较有哪些特点？
2. 举例说明单体、单体单元、结构单元、重复结构单元、链节及聚合度等名词的含义。
3. 什么是高聚物相对分子质量的多分散性？如何表示？
4. 常用聚苯乙烯的相对分子质量为 10×10^4～30×10^4，计算其聚合度。
5. 什么是三大合成材料？写出它们主要品种的名称、单体聚合的反应式，并指出属于连锁聚合还是逐步聚合。
6. 写出合成下列聚合物的单体、聚合反应式及英文缩写，并按主链结构及用途分类。
   (1) 聚乙烯　(2) 聚丙烯　(3) 聚苯乙烯　(4) 聚四氟乙烯　(5) 丁苯橡胶
   (6) 异戊橡胶　(7) 聚丙烯腈　(8) 涤纶　(9) 尼龙 6　(10) 硅橡胶
7. 尼龙 610 是哪种聚合物的俗称？其单体是什么？名称中的“6”和“10”分别代表什么？并写出该聚合物的单体、结构单元及重复结构单元。

学习情境二

连锁聚合反应

【知识目标】

了解连锁聚合反应的特点、分类及应用；掌握自由基聚合反应的机理及影响因素；理解自由基聚合反应动力学方程、反应速率变化曲线及其应用；了解自由基聚合平均聚合度方程及其应用；掌握自由基共聚组成方程与共聚组成曲线及其应用；掌握用于阳（阴）离子聚合、配位聚合反应的机理及应用；了解自由基共聚反应的分类及命名方法。

【能力目标】

能利用单体的结构特征初步分析其聚合能力，判断反应类型；能正确运用自由基聚合反应机理合理选择引发剂，确定工艺条件，分析影响因素；能运用自由基共聚合反应机理，分析影响共聚物组成的因素并选用合理的控制方法；能正确运用离子型聚合反应机理，合理选择单体与引发剂，确定工艺条件；能正确理解立构规整性聚合物及其对性能的影响。

任务一　认识连锁聚合反应

【任务介绍】

如果分别选择乙烯、丙烯、氯乙烯、丙烯腈、异丁烯、1,3-丁二烯、苯乙烯、偏二氯乙烯、偏二氰基乙烯、四氟乙烯等有机化合物作为单体进行聚合反应，请利用它们的结构特征，分析判别每种单体形成高聚物的聚合反应类型，并说明理由。

【任务分析】

利用有机化学的基本知识，正确分析烯烃类单体取代基的结构特征，判别形成高聚物的反应类型。

【相关知识】

高聚物的形成反应按照反应机理的不同可分为连锁聚合反应和逐步聚合反应两大类。前已述及，大多数烯烃类单体的加聚反应都属于连锁聚合反应。

连锁聚合反应是指单体经引发后，形成反应活性中心，单体迅速加成到活性中心上，瞬间生成高聚物的化学反应。

一、连锁聚合反应的分类

连锁聚合反应是通过单体和反应活性中心之间的反应来进行的。活性中心进攻单体的双键，使单体的π键打开，单体迅速加成到活性中心上，形成单体活性中心（活性种），而后进一步与单体加成，促使分子链瞬间增长形成高聚物。

【实例 2-1】 乙烯基单体聚合：

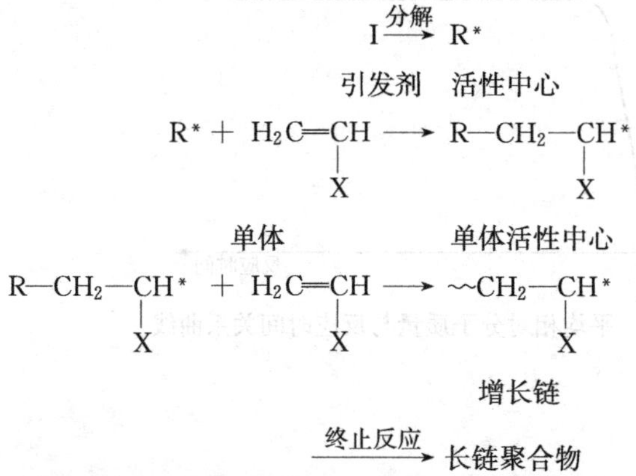

在一定条件下能产生聚合反应活性中心的化合物常称为引发剂，在聚合反应后将存在于聚合物的链端，成为所得高聚物的组成部分。

一个共价键化合物当它受到热、辐射及超声波等能量的作用时，共价键将发生断裂，断裂形式有均裂、异裂两种。均裂时，共价键上的一对电子会形成两个带有独电子的中性基团，称为自由基；异裂时，共价键上的一对电子全部归属于某一个基团，形成阴离子；另一个缺电子基团称作阳离子。均裂和异裂可用下式表示。

$$\text{引发剂 I} \xrightarrow{\text{均裂}} \text{R}\cdot \quad \text{自由基}$$

$$\text{引发剂 I} \xrightarrow{\text{异裂}} \text{A}^{+} + \text{B}^{-} \quad \text{阳离子、阴离子}$$

自由基和阴、阳离子均可作为活性中心，打开烯类单体的π键，形成单体活性中心，使链不断增长，因此，连锁聚合反应根据反应中形成活性中心的性质不同，分为自由基聚合、阳离子聚合、阴离子聚合、配位聚合等。

二、连锁聚合反应的特征

连锁聚合反应的特征可归纳为以下几个方面。

1. 典型的基元反应

连锁聚合反应一般由链引发、链增长和链终止三个基元反应组成，有时也伴随着链转移反应。各基元反应机理不同，反应活化能和反应速率相差很大。

2. 快速的形成过程

连锁聚合反应的单体只能与活性中心反应生成新的活性中心，单体之间不能反应；链增长速度极快，反应体系中没有中间产物，始终是由单体、聚合产物和微量引发剂及含活性中心的长链所组成。

3. 平均相对分子质量与反应时间的关系

连锁聚合反应一旦开始形成反应活性中心，便在极短的时间（通常以秒计）内，大量单体就会加成上去，形成高聚物，因此，延长反应时间不能增加聚合物的相对分子质量。关系曲线如图 2-1 所示。

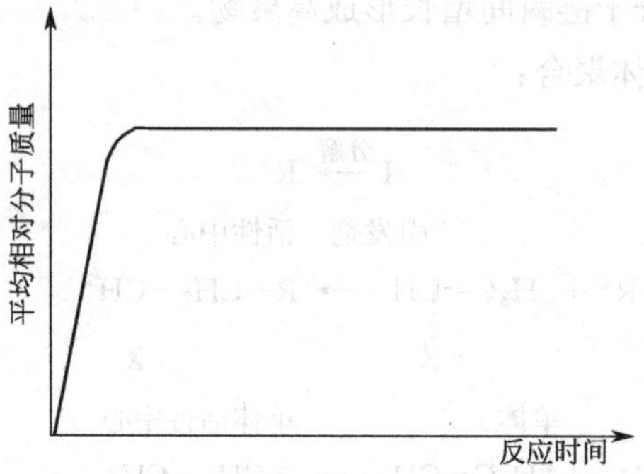

图 2-1　平均相对分子质量与反应时间关系曲线

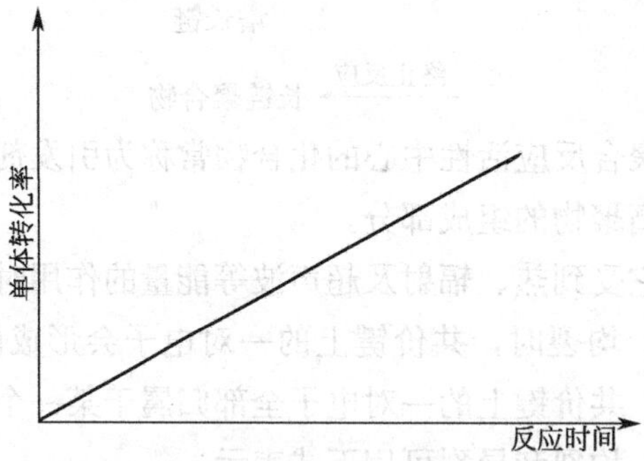

图 2-2　单体转化率与反应时间关系曲线

4. 单体转化率与反应时间的关系

连锁聚合反应发生后，单体会随着反应时间的增长而逐步消失，因而，转化率随着反应时间的增长而逐渐提高。关系曲线如图 2-2 所示。

5. 聚合反应不可逆

连锁聚合反应的大多数烯类单体在加成过程中，打开双键的 π 键同时会形成两个 σ 单键，由于键能的变化，会放出能量，属于放热反应且热效应较大，因而在一般温度条件下是不可逆的。

三、连锁聚合反应的实际应用

连锁聚合反应是合成碳链高聚物的主要聚合反应，在连锁聚合反应中，自由基聚合反应的理论最成熟，工业上也处于最重要的地位，通过自由基聚合的产品占聚合物总产量的 60%以上。比如，广泛应用的高压（低密度）聚乙烯（LDPE）、聚苯乙烯（PS）、聚氯乙烯（PVC）、聚甲基丙烯酸甲酯（PMMA）、ABS 树脂、聚醋酸乙烯酯（PVAc）、丁苯橡胶（SBR）、丁腈橡胶（ABR）等都是通过自由基聚合反应合成的；丁基橡胶（IIR）、聚异丁烯（PIB）等是通过阳离子聚合反应合成的；低压（高密度）聚乙烯（HDPE）、聚丙烯（PP）、顺丁橡胶（BR）、异戊橡胶（IR）、乙丙橡胶（EPR）等是通过配位聚合反应合成的。

四、连锁聚合反应的单体

能够进行连锁反应的单体主要有三种类型，即含有碳碳双键的单烯烃或共轭双烯烃类、羰基化合物及杂环化合物，其中烯烃类最为重要，应用最为广泛。由于烯类单体的结构不同，聚合能力也不同，对聚合类型的选择也就不同。单体究竟适合于何种聚合机理，主要取决于双键碳原子上取代基的电子效应（包括诱导效应、共轭效应）；取代基的空间位阻效应主要影响单体的聚合能力。常用的烯烃类单体对聚合类型的选择性如表 2-1 所示。

表 2-1　常用烯烃类单体对聚合类型的选择性

单体	聚合类型			
	自由基	阴离子	阳离子	配位
$CH_2=CH_2$	⊕	—	—	⊕
$CH_2=CH-CH_3$	—	—	—	⊕
$CH_2=CH-CH_2-CH_3$	—	—	—	⊕
$CH_2=C(CH_3)_2$	—	—	⊕	+
$CH_2=CH-CH=CH_2$	⊕	⊕	+	⊕
$CH_2=C(CH_3)-CH=CH_2$	+	⊕	+	⊕
$CH_2=CCl-CH=CH_2$	⊕	—	—	—
$CH_2=CHC_6H_5$	⊕	+	+	+
$CH_2=CHCl$	⊕	—	—	+
$CH_2=CCl_2$	⊕	+	—	—
$CF_2=CF_2$	⊕	—	—	—
$CH_2=CHOR$	—	—	+	+
$CH_2=CH(OC)OR$	⊕	—	—	+
$CH_2=CHCOOR$	⊕	+	—	+
$CH_2=C(CH_3)COOR$	⊕	+	—	+
$CH_2=CHCN$	⊕	+	—	+

注：“+”表示可以聚合，“⊕”表示已工业化，“—”表示不能聚合或只能得低聚物。

1. 电子效应对聚合类型的影响

乙烯基单体取代基的诱导效应和共轭效应能改变双键的电子云密度，对所形成活性种的稳定性有一定的影响，从而决定着对自由基、阳离子或阴离子聚合的选择性。许多实验也表明，烯类单体对聚合类型的选择性主要受取代基电子效应所影响。

（1）取代基为推电子基团

推电子基团能使单体双键电子云密度增大，易与阳离子活性种结合进行阳离子聚合。这类取代基有烷基、烷氧基、苯基、乙烯基等。但烷基的给电子性较弱，只有 1,1-二烷基取代烯烃异丁烯才能进行阳离子聚合，而单取代烯烃丙烯则不能进行阳离子聚合。

（2）取代基为吸电子基团

吸电子基团能使单体双键电子云密度降低，易与阴离子活性种结合，分散负电性而形成稳定的活性中心。由于阴离子与自由基都属于负电性活性种，故带吸电子基团的烯类单体易进行阴离子聚合或自由基聚合。这类取代基有氰基、羰基（醛、酮、酸、酯）等。但取代基吸电子性太强时，如含两个强吸电子取代基（氰基）的单体偏氰乙烯［$CH_2=C(CN)_2$］，一般只能进行阴离子聚合。带卤素取代基的单体有些特殊，例如氯乙烯，氯原子的诱导效应是吸电子，而共轭效应则是推电子，两种效应都很弱。因此，氯乙烯既不能进行阴离子聚合，也不能进行阳离子聚合，只能进行自由基聚合。

（3）共轭效应的影响

像苯乙烯、丁二烯、异戊二烯等共轭烯烃，由于共轭体系中 π 电子流动性大，极易极化，所以既能进行自由基聚合，也能进行离子型聚合。

2. 位阻效应对聚合能力的影响

烯类单体上取代基的数量、大小和位置等空间位阻效应对单体聚合能力有很大影响，决定了它们能否进行加聚反应。

（1）无取代基烯烃单体

乙烯分子无取代基且结构对称，偶极矩等于零，不容易聚合，只有在高压高温下才能进行自由基聚合反应合成低密度聚乙烯；但采用 Ziegler-Natta 引发剂，可在低压条件下通过配位聚合获得高密度聚乙烯。

（2）一取代基烯烃单体

通常情况下，取代基大小不会影响单体的聚合反应，如氯乙烯、丙烯等都能进行聚合，即使是取代基较大的乙烯基咔唑也能聚合。

（3）1,1-二取代基烯烃单体

这类单体由于结构的不对称，易诱导极化，故容易聚合，如偏二氯乙烯（$CH_2═CCl_2$）比氯乙烯更容易进行自由基聚合反应，异丁烯［$CH_2═C(CH_3)_2$］容易进行阳离子聚合。但如果取代基的体积较大时聚合将不能进行，如 1,1-二苯基乙烯［$CH_2═C(C_6H_5)_2$］，由于苯基的体积较大，对聚合有空间位阻作用，只能形成二聚体而得不到高聚物。

（4）1,2-二取代基烯烃单体

这类单体结构对称，极化程度低，且空间位阻效应大，一般不容易进行均聚合，如 2-丁烯（$CH_3CH═CH—CH_3$）、1,2-二氯乙烯（$ClCH═CHCl$）等。但有些单体能与其他烯类单体进行共聚。如马来酸酐可以与苯乙烯或醋酸乙烯酯共聚，得交替共聚物。

（5）三、四取代基烯烃单体

这类单体由于空间位阻较大，原则上都不能聚合。但唯一例外的是，当取代基是氟原子时，无论氟原子的数量和位置如何，都容易进行自由基聚合反应，如氟乙烯（$CH_2═CHF$）、1,2-二氟乙烯（$CHF═CHF$）、四氟乙烯（$CF_2═CF_2$）等都很容易聚合。主要是因为氟原子半径很小（仅大于氢），无空间位阻。

任务二　自由基聚合反应

子任务 1　自由基聚合反应的基本理论

【任务介绍】

某企业筹建聚氯乙烯生产装置，请利用自由基聚合的基本理论说明其反应机理的各基元反应特征，并依据引发剂的选择原则帮助选择合适的引发剂。

【任务分析】

在掌握连锁聚合反应特征的基础上，理解自由基聚合反应各基元反应的特点，认清引发剂在合成高聚物时的重要作用，从而正确分析选择合适的引发剂。

【相关知识】

自由基聚合反应是单烯烃和共轭双烯烃聚合的一种重要方法，不仅在高分子合成工业中处于重要地位，其理论研究也是至今为止在高分子化学领域上较为成熟、较为完善的，属最典型的连锁聚合反应。

一、自由基聚合反应的定义及分类

自由基聚合反应是指单体借助于光、热、辐射、引发剂等的作用，使单体分子活化形成自由基活性中心，再与单体分子连锁聚合形成高聚物的化学反应。

自由基聚合反应按照参加反应单体的种类数目可以分为均聚合和共聚合两种。只有一种单体参加的自由基聚合反应称为均聚反应，如低密度聚乙烯、聚氯乙烯、聚甲基丙烯酸甲酯、聚醋酸乙烯酯等。由两种或两种以上单体参加的自由基聚合反应称为共聚反应，如丁苯橡胶、丁腈橡胶、ABS树脂等。

二、自由基聚合反应的机理

自由基聚合反应遵循连锁聚合反应机理，通过三个基元反应，即链引发、链增长和链终止使小分子聚合形成大分子，在聚合过程中也可能存在链转移反应，链转移反应对聚合产物的相对分子质量、结构和聚合速率均产生影响。

1. 链引发反应

链引发反应是形成单体自由基活性中心的反应。单体可借助光、热、高能辐射或引发剂四种方式引发聚合，其中以引发剂引发为最普遍。

(1) 引发剂的引发机理

引发剂是产生自由基聚合反应活性中心的物质，在分子结构上应具有弱键，容易分解形成自由基，并能引发单体使之聚合的化合物。其作用与催化剂类似，在聚合过程中将不断被消耗，但分解后的残基会存在大分子链末端，不能分离出来。

采用引发剂引发时，链引发反应通常分两步来完成，引发剂先分解产生初级自由基，初级自由基再与单体加成生成单体自由基活性中心（活性种）。

第一步，一个引发剂分子I分解，形成两个初级自由基R·：

$$\mathrm{I} \xrightarrow{k_d} 2\mathrm{R}\cdot$$

式中，k_d 为引发剂分解速率常数，s^{-1}。

第二步，初级自由基与单体加成，形成单体自由基活性中心（活性种）：

$$\mathrm{R}^{\cdot} + \mathrm{CH_2{=}\underset{\underset{X}{|}}{CH}} \xrightarrow{k_i} \mathrm{RCH_2{-}\underset{\underset{X}{|}}{\dot{C}H}}$$

式中，k_i 为引发速率常数，s^{-1}。

上述两步反应中，第一步引发剂分解反应是吸热反应，活化能高，分解速率常数 k_d 小，反应速率慢；第二步是放热反应，活化能低，反应速率常数 k_i 大，反应速率快。因此第一步引发剂分解反应不仅是控制整个自由基聚合反应速率的关键步骤，也是影响聚合产物相对分子质量的重要因素。

（2）引发剂的种类

前述自由基产生于共价键化合物的均裂，难易程度主要取决于共价键的键能大小，也和外界条件有关，比如键能较小的在较低温度下就可以断裂，键能较高的需要较高温度才可以断裂。常见共价键的键能见表 2-2。

表 2-2　常见共价键的键能

共　价　键	键能/(kJ/mol)	共价键	键能/(kJ/mol)
C—C	3.48	O—O	1.47
C—H	4.15	N═N	4.19
C—N	2.89	C═O	3.31
C—O	3.6		

由表 2-2 可见，碳氮键（C—N）和过氧键（O—O）的键能较低，因此，这两类化合物适合作引发剂。

常用的引发剂有四种类型，即偶氮类化合物、有机过氧化合物、无机过氧化合物和氧化还原引发体系。

① 偶氮类引发剂　偶氮类引发剂中最常用的是偶氮二异丁腈（AIBN）和偶氮二异庚腈（ABVN）。

偶氮二异丁腈是白色柱状结晶或白色粉末状结晶，不溶于水，溶于甲醇、乙醇、丙酮、乙醚、石油醚和苯胺等有机溶剂，属于油溶性引发剂。其分解温度为 64℃，适用于大多数反应；100℃急剧分解，放出氮气和对人体危害较大的数种有机氰化合物，能引起爆炸着火，易燃，有毒；应在 10℃以下贮存，且远离火种、热源。

其分解反应式如下：

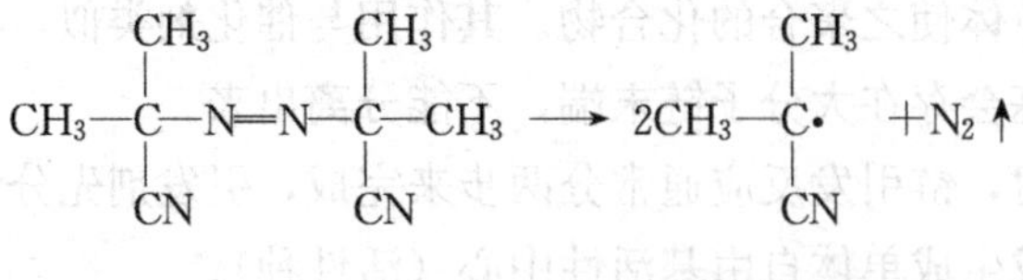

偶氮二异庚腈是在 AIBN 基础上发展起来的活性较高的偶氮类引发剂，有逐步取代偶氮二异丁腈的趋势。

其分解反应式如下：

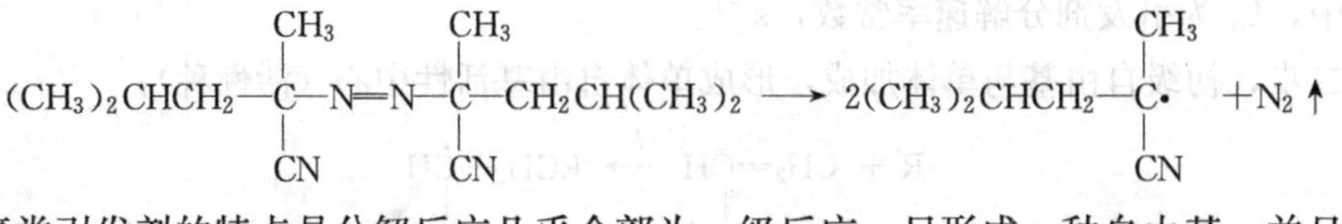

偶氮类引发剂的特点是分解反应几乎全部为一级反应，只形成一种自由基，并且分解均匀，无诱导分解，性质稳定，容易贮存、运输；分解速率较慢，属于中、低活性引发剂；产品容易提纯，价格便宜；分解时有 N_2 逸出，工业上可用作泡沫塑料的发泡剂，科学研究上可利用 N_2 放出速率来研究它的分解速率，广泛应用在高分子的研究和生产中。

工业上最典型的应用是聚氯乙烯的悬浮聚合、醋酸乙烯酯的溶液聚合都可使用偶氮类化合物作为引发剂。

② 有机过氧类引发剂　过氧化氢（HO—OH）是有机过氧类引发剂的母体，如果过氧化氢中的两个 H 原子都被有机基团取代，就形成了有机过氧类化合物（R—OO—R′）。

有机过氧类引发剂中最常用的是过氧化二苯甲酰（BPO）和过氧化十二酰（LPO）等。

过氧化二苯甲酰是白色粉末状晶体，不溶于水，溶于苯、氯仿、乙醚等有机溶剂，属于油溶性引发剂。其分解温度为 73℃，干品极不稳定，贮存时加 20%～30%的水，加热时易引起爆炸。

过氧化二苯甲酰按两步分解。

第一步，当过氧化二苯甲酰受热时，其弱键（O—O）发生均裂形成两个苯甲酸基自由基：

$$C_6H_5\underset{\underset{O}{\|}}{C}-O-O-\underset{\underset{O}{\|}}{C}C_6H_5 \longrightarrow 2C_6H_5\underset{\underset{O}{\|}}{C}-O\cdot$$

第二步，当有单体存在时，形成的自由基将引发聚合；无单体存在时，苯甲酸基自由基进一步分解成苯基自由基，并放出 CO_2，但分解不完全：

$$2C_6H_5\underset{\underset{O}{\|}}{C}-O\cdot \longrightarrow 2C_6H_5\cdot + 2CO_2$$

过氧化十二酰（LPO），也称为过氧化月桂酰，也是常用的有机过氧类引发剂。其分解反应式与过氧化二苯甲酰相类似。

$$CH_3(CH_2)_9CH_2-\overset{\overset{O}{\|}}{C}-O-O-\overset{\overset{O}{\|}}{C}-CH_2(CH_2)_9CH_3 \longrightarrow 2CH_3(CH_2)_{10}-\overset{\overset{O}{\|}}{C}-O\cdot$$

$$\longrightarrow 2CH_3(CH_2)_9\dot{C}H_2 + 2CO_2$$

过氧化二苯甲酰和过氧化十二酰作为引发剂的特点是分解速率较慢，容易发生诱导分解，属于低活性引发剂。

为了提高聚合速率，缩短聚合周期，工业上常采用高活性的有机过氧化物引发剂，如过氧化二碳酸二异丙酯（IPP）、过氧化二碳酸二环己酯（DCPD）等，但高活性引发剂在制备、贮存和精制时需要注意安全问题，使用时要避光、不能加热，且一般需配成溶液后在低温下（10℃以下）贮存，实验室中一般不用。

工业上，醋酸乙烯的溶液聚合、甲基丙烯酸甲酯的聚合常常使用有机过氧化合物作为引发剂。

③ 无机过氧类引发剂　最简单的无机过氧化物是过氧化氢，但因其需要较高的分解温度，一般不单独使用，要和还原剂组成氧化还原引发剂。

水溶性过硫酸盐是常用的无机过氧类引发剂，代表物是过硫酸钾（$K_2S_2O_8$）和过硫酸铵［$(NH_4)_2S_2O_8$］。属于水溶性引发剂，分解速率受体系 pH 值和温度影响较大，可单独使用，但更普遍的是与适当的还原剂构成氧化还原体系，可在室温或更低的温度下引发聚合。

$K_2S_2O_8$的分解反应如下：

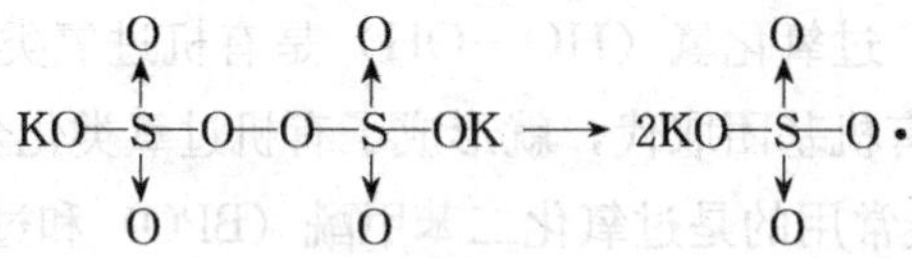

④ 氧化还原类引发剂　氧化还原类引发剂是在过氧化物引发剂中加入适量还原剂组成，通过氧化还原反应的电子转移生成自由基，从而引发聚合。这类引发剂的特点是可降低分解活化能，使聚合反应在较低的温度下进行，具有较快的分解速率，有利于节省能源，可改善聚合产物的性能。

氧化还原引发剂根据其是否溶于水，可分为水溶性氧化还原引发剂和油溶性氧化还原引发剂。常用的氧化还原引发体系见表 2-3。

表 2-3　常用的氧化还原引发体系

类　型	实　例	溶 解 性
无机物/无机物	H_2O_2/ Fe^{2+} $K_2S_2O_8$	水溶性
有机物/无机物	RO—OH/ Fe^{2+}	水微溶
无机物/有机物	Ce^{4+}/RCH_2OH Mn^{6+}/草酸	水微溶
有机物/有机物	BPO/*N*,*N*-二甲基苯胺 BPO/环烷酸镍	油溶性

(3) 引发剂的活性

工业上，常用某一温度下引发剂半衰期（$t_{1/2}$）的长短或相同半衰期所需温度的高低来比较引发剂的活性。

① 引发剂的半衰期　半衰期指引发剂分解至起始浓度一半所需要的时间，用 $t_{1/2}$ 表示，单位是 h。

前述，引发剂的分解反应为一级反应，即引发剂分解速率 R_d 与引发剂浓度 [I] 的一次方成正比，其表达式为：

$$R_d \equiv \frac{d[I]}{dt} = k_d[I] \tag{2-1}$$

若令引发剂起始浓度为 $[I]_0$，分解至 t 时刻时的浓度为 [I]，将式(2-1) 移项积分，得：

$$\ln\frac{[I]}{[I]_0} = -k_d t \tag{2-2}$$

当 $[I]=[I]_0/2$ 时，则：

$$t_{1/2} = \frac{\ln 2}{k_d} = \frac{0.693}{k_d} \tag{2-3}$$

由式(2-3) 可见，半衰期仅与分解速率常数成反比，与引发剂起始浓度无关；分解速率常数越大，半衰期越短，引发剂的活性越高。常见引发剂的分解速率常数和半衰期见表

2-4。

由表 2-4 可以看出，随着聚合反应温度的升高，分解速率常数 K_d 增大，半衰期 $t_{1/2}$ 减小。

目前，常采用引发剂在 60℃测得的半衰期来区分引发剂活性高低。$t_{1/2}>6h$，为低活性引发剂；$t_{1/2}<1h$，为高活性引发剂；$1h<t_{1/2}<6h$，为中等活性引发剂。

表 2-4 常见引发剂的分解速率常数、半衰期和活化能

引发剂	溶剂	温度/℃	k_d/s^{-1}	$t_{1/2}/h$	$E_d/(kJ/mol)$
AIBN	苯	50	2.64×10^{-8}	73	128.4
		60.5	1.16×10^{-5}	16.6	
		70.5	3.78×10^{-5}	5.1	
AIVN	甲苯	59.7	8.05×10^{-5}	2.4	121.3
		69.8	1.98×10^{-4}	0.97	
		80.2	7.1×10^{-4}	0.27	
BPO	苯	60	2.0×10^{-6}	96.3	124.3
		70	1.38×10^{-5}	13.9	
		80	2.5×10^{-5}	7.7	
		100	5×10^{-4}	0.4	
LPO	苯	50	2.19×10^{-6}	88	127.2
		60	9.17×10^{-6}	21	
		70	2.86×10^{-5}	6.7	
$K_2S_2O_8$	0.1molKOH	50	9.5×10^{-7}	212	140.2
		60	3.16×10^{-6}	61	
		70	2.33×10^{-5}	8.3	

② 引发剂的引发效率　引发剂分解形成的初级自由基并不能全部用于引发单体形成单体自由基活性中心，有部分引发剂将由于一些副反应而消耗掉，主要的副反应有诱导分解与笼蔽效应。

初级自由基用于引发形成单体自由基的百分数或分率称为引发剂的引发效率，用 f 表示。一般引发剂的 f 值约在 0.5～0.8 之间，数值的大小与引发剂种类、反应条件和单体活性有关。

a. 诱导分解　在自由基聚合反应过程中，由于自由基很活泼，在聚合体系中，有可能与引发剂发生反应，使原来的链自由基终止生成稳定分子，另外产生一个新的初级自由基去引发单体，反应体系中自由基数没有变化，但消耗了一个引发剂分子，从而使引发效率降低。诱导分解的实质是链自由基向引发剂分子发生的转移反应。此类反应主要发生在过氧化物引发剂中，而偶氮类引发剂一般不发生诱导分解。

b. 笼蔽效应　若聚合体系中引发剂浓度很低，引发剂分子处于在单体或溶剂分子的包围中，像关在“笼子”里一样，笼子内的引发剂分解成的初级自由基必须扩散并冲出“笼子”后，才能引发单体聚合。但自由基的平均寿命很短，只有 $10^{-11}\sim10^{-9}s$，如来不及扩散到“笼子”外面去引发单体，就可能发生一些副反应，形成稳定分子，使引发剂效率降低，这种现象被称为“笼蔽效应”。大多数的引发剂均会发生这种现象，但偶氮类引发剂最容易发生。

此外，单体的活性大小对引发效率也有较大影响。像丙烯腈、苯乙烯等活性较大的单体，能迅速与自由基作用而引发增长，通常情况下 f 较高；相反，像醋酸乙烯酯类低活性单体，对自由基的捕捉能力较弱，很易发生诱导分解，因此 f 值较低。

(4) 引发剂的合理选择

工业上，合理地选择适宜的引发剂，对提高聚合反应速率、保证产品质量及安全生产具有重要的意义。通常，从以下几个方面考虑选择引发剂。

① 根据聚合反应的实施方法选择引发剂的类型　自由基聚合反应的工业实施方法有本体聚合、悬浮聚合、溶液聚合和乳液聚合。本体聚合、油相单体悬浮聚合、有机溶液聚合等要选择油溶性的偶氮类和有机过氧化物类引发剂，乳液聚合和水溶液聚合要选择水溶性的过硫酸盐类引发剂或氧化还原引发体系。

② 根据聚合温度选择半衰期适当的引发剂　聚合温度是影响聚合速率和产物相对分子质量的两个重要因素，半衰期适当的引发剂可使自由基的形成速率和聚合速率适中，保证产品质量。半衰期过长或过短都不利于聚合反应正常进行。如果引发剂活性过低，造成分解速率过低，使聚合时间延长或需要提高聚合温度。相反，若引发剂活性过高，分解半衰期过短，虽然可以提高聚合速率，但反应放热集中，温度不好控制，容易引起爆聚；同时，也会因引发剂过早分解，造成低转化率阶段聚合反应停止。

若无适当半衰期的引发剂，也可以考虑选用复合引发剂，即采用两种或两种以上不同半衰期引发剂的混合物，针对实际聚合反应初期慢、中期快、后期又转慢的特点，最好选择高活性与低活性复合型引发剂，通过前期高活性引发剂的快速分解以保证前期聚合速率加快，后期维持一定速率，缩短了聚合反应的周期，能达到复合引发剂的“协同”效果。

常见引发剂的使用温度范围见表 2-5。

表 2-5　常见引发剂的使用温度范围

引发剂使用温度范围/℃	E_d /(kJ/mol)	引发剂举例
高温＞100	138～188	异丙苯过氧化氢，叔丁基过氧化氢，过氧化二异丙苯，过氧化二叔丁基
中温 30～100	110～138	过氧化二苯甲酰，过氧化十二酰，偶氮二异丁腈，过硫酸盐
低温 －10～30	63～110	氧化还原体系：过氧化氢-亚铁盐，过硫酸盐-亚硫酸氢钠，异丙苯过氧化氢-亚铁盐，过氧化二苯甲酰-二甲基苯胺
极低温＜－10	＜63	过氧化物-烷基金属（三乙基铝，三乙基硼，二乙基铅），氧-烷基金属

③ 根据聚合物的特殊用途选择合适的引发剂　在选用引发剂时，有时还需要考虑引发剂对聚合产物的用途有无影响。如有机过氧类引发剂具有氧化性，合成的聚合物容易变色，不能用于有机玻璃等光学高分子材料的合成；偶氮类引发剂有毒而不能用于与医药、食品有关的聚合物的合成；过氧化物在醇、醚、胺等溶液中迅速分解，易发生爆炸，故在这些溶剂中不易选择过氧化引发剂；在进行动力学研究时，多选择偶氮类引发剂，以防止发生诱导分解反应。

④ 根据聚合反应选择适当的引发剂用量　引发剂浓度不仅影响聚合速率，还影响聚

合产物的相对分子质量。通常，在保证温度控制和避免爆聚的前提下，尽量选择高活性引发剂，以减少引发剂用量，提高聚合速率，缩短聚合时间。在实际的生产中，引发剂用量大约为单体质量的0.1%～2%，但大多数需要通过大量实验才能决定合适的引发剂最佳用量。

此外，在选择引发剂时，还要综合考虑如贮运安全、价格、来源、稳定性以及对聚合物外观的影响等各方面的因素。

(5) 其他引发方式

其他引发方式包括热引发、光引发、辐射引发等。

① 热引发　热引发是指某些烯类单体可在热的作用下不加引发剂便能发生自身聚合反应。研究表明，仅少数单体，如苯乙烯在加热时（或常温下）会发生自身引发的聚合反应，其他单体发生的自聚合反应往往只是一种表面现象，绝大多数情况下是由于单体中存在的杂质（包括由氧生成的过氧化物或氢过氧化物）的热分解引起的；若将单体彻底纯化，在黑暗中，十分洁净的容器内，就不能进行纯粹的热引发聚合。

目前，苯乙烯的热聚合已经实现工业化。甲基丙烯酸甲酯虽然也能进行一定程度的热聚合，但聚合速率较低，还不能满足工业生产的要求。因此，对于热聚合机理的研究多限于苯乙烯的聚合。

② 光引发　光引发通常指烯类单体在光的激发下形成的自由基引发单体聚合的反应，可分为直接光引发和光敏剂间接光引发两种类型。

直接光引发是单体分子直接吸收光照产生自由基而引发的聚合，单体一般是一些含有光敏基团的单体，如丙烯酰胺、丙烯腈、丙烯酸酯、丙烯酸等。

光敏剂间接引发是指在光照下，光敏剂吸收光后，本身并不直接形成自由基，而是将吸收的光能传递给单体或引发剂而引发聚合，常用的光敏剂有二苯甲酮类化合物和各种染料。有光敏引发剂存在下的光引发聚合的反应速率比相应的单纯光引发聚合的速率要大得多。

光引发聚合的特点是自由基的形成和反应时间都比较短，聚合产物较纯净，实验结果重现性好；光引发聚合总活化能低，可在较低温度下聚合，能减少因温度较高而产生的副反应。

光引发聚合广泛应用于印刷制版、光固化油墨、光刻胶集成电路、光记录等。

③ 辐射引发　辐射引发是指单体在高能射线辐射下完成的引发。辐射引发机理比较复杂，单体受辐射后可形成自由基、阳离子或阴离子，大多数烯烃单体的辐射引发遵循的是自由基聚合机理。辐射过程中还可能引起聚合物的降解或交联。

辐射引发聚合与光引发聚合相似，也可在较低温度下进行，温度对聚合速率影响较小，且聚合物中无引发剂残基，较纯净；此外，辐射引发吸收无选择性，穿透力强，可进行固相聚合。

辐射引发聚合多用于聚合物的接枝改性和交联。

2. 链增长反应

在链引发反应阶段形成的单体自由基活性中心，具有很高的活性，能很快打开第二个单体分子的π键，形成新的活性自由基，与此类似，自由基可以不断与其他单体分子结合形成高分子活性链，这就是链增长过程。

（1）链增长反应的机理

链增长反应就是利用自由基与烯烃的反复加成而使聚合度增大的过程。例如：

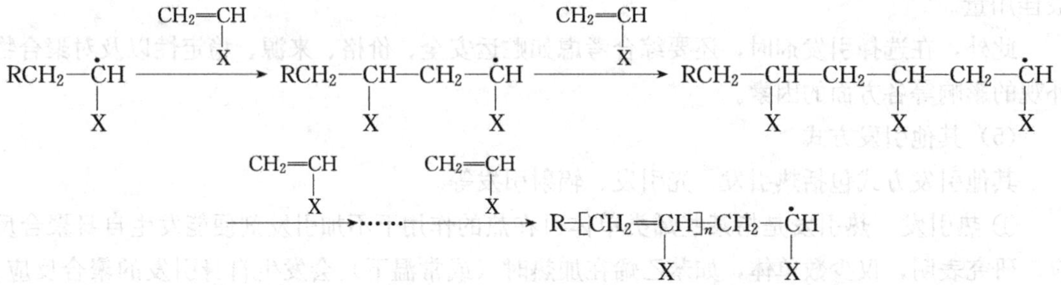

为了书写方便，上述链自由基可以简写成 $\sim CH_2\dot{C}H(X)$，其中 R 代表引发剂残基，～代表碳链骨架。

（2）链增长反应的特征

链增长反应是放热反应。大多数烯类单体聚合热约 55～95kJ/mol，反应热很大。

链增长反应速率极快。链增长反应活化能（20～34kJ/mol）较低，链增长速率常数 $[10^2 \sim 10^4 L/(mol \cdot s)]$ 极高，链增长速率极快，在 0.01s 至几秒钟内，就可以使聚合度达到数千，甚至上万。因此，聚合体系内往往由单体和聚合物两部分组成，不存在聚合度递增的一系列中间产物。

由上述可见，链增长反应一旦开始，就会集中放出大量的热量，在生产中如果不考虑及时散热，将会造成体系温度过高，易引起生产事故。

（3）链增长反应的链结构

在链增长反应过程中，不仅要研究反应速率，还需分析大分子微观结构的变化。

以单取代乙烯基单体为例，在链增长反应中，大分子链中结构单元间的连接顺序可能存在下列三种连接方式：

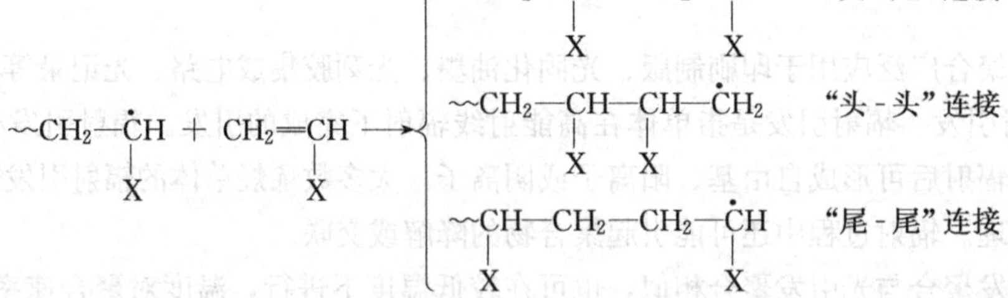

表达式中的"头"代表有取代基的碳原子，另一端代表"尾"。综合极性效应和位阻效应的结果使链增长反应主要是按"头-尾"方式连接。因为按"头-尾"形式连接时，取代基与孤电子连在同一碳原子上，能与相邻亚甲基的超共轭效应形成共轭稳定体系，能量较低，自由基最稳定。而"头-头"形式连接时，没有共轭效应，自由基不稳定；另外，亚甲基一端的空间位阻较小，"头-尾"连接反应容易进行，所以大多数单烯类的链增长为"头-尾"方式连接。

当单烯类取代基很小、空间位阻也不大时，可能得到相当数量的“头-头”连接（或“尾-尾”连接）结构。例如聚氟乙烯的“头-头”连接（或“尾-尾”连接）可达30%。

实践证明，聚合反应温度对链增长的链结构也会产生一定的影响。温度升高，“头-头”连接（或“尾-尾”连接）的比例将略有增加。例如醋酸乙烯酯的聚合温度从30℃升高到90℃时，大分子链结构中“头-头”连接（或“尾-尾”连接）的含量会从1.30%增加到1.98%。

此外，从立体结构看来，自由基聚合物分子链上取代基在空间排布是无规的，所对应的聚合物往往是无定形的，这也是自由基型聚合产物的重要特征之一。

对于共轭二烯类单体的自由基链增长反应，可以按照1,2-加成或1,4-加成两种方式进行。如丁二烯：

$$H_2C{=}CH{-}CH{=}CH_2 \xrightarrow{R\cdot} [RCH_2{-}CH{\cdots}CH{\cdots}CH_2]\cdot \longrightarrow$$

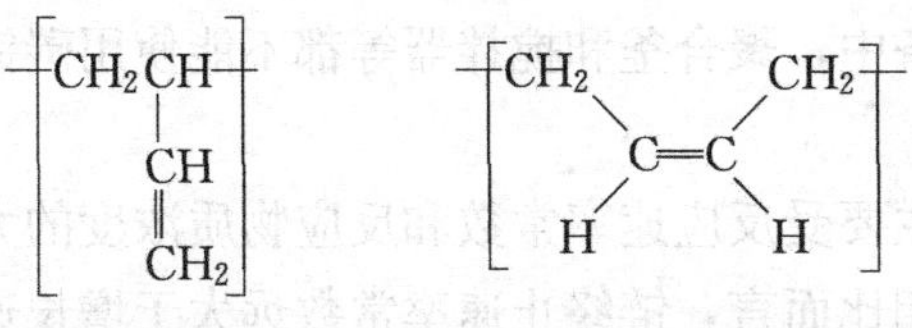

1,2-加成　　　顺式1,4-加成　　　反式1,4-加成

由于1,2-加成时链增长的空间位阻较大，故高聚物中1,4-加成结构总是多于1,2-加成结构。在1,4-加成结构中又有顺式和反式两种异构体，由于空间位阻的影响，一般以反式结构为主。且1,2-加成结构的含量几乎不随聚合温度的改变而改变，但顺式1,4-加成结构会随聚合温度的升高而增加。

3. 链终止反应

增长反应的长链自由基彼此相互作用，失去活性而生成稳定的高分子化合物的过程，这就是链终止反应。但在反应初期，由于自由基浓度较低，相互碰撞的概率低，到了反应后期，终止反应才会增多。自由基聚合的链终止反应主要是双基终止，包括偶合终止和歧化终止两种方式。

(1) 偶合终止

偶合终止是两链自由基的孤电子相互作用结合成共价键的终止反应。偶合终止的特点是大分子的聚合度是两个链自由基重复单元数之和；若有引发剂引发聚合，大分子两端各带一个引发剂残基；大分子链中间以“头-头”结构方式连接：

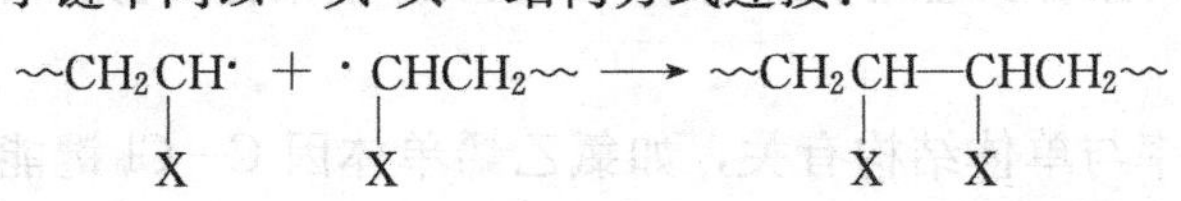

(2) 歧化终止

歧化终止是某链自由基夺取另一链自由基相邻碳原子上的氢原子或其他原子的终止反应。歧化终止的特点是大分子的聚合度和链自由基的重复单元数相同，每个大分子只有一端带有引发剂残基，其中，一个大分子的另一端为饱和，而另一个大分子的另一端为不饱和。

单体在自由基聚合反应中究竟以什么方式终止，主要取决于单体的种类和反应条件。通常由实验测定，如苯乙烯、丙烯腈以偶合终止为主；甲基丙烯酸甲酯在60℃以下聚合时，两种终止方式都有，60℃以上则以歧化终止为主。常见几种单体自由基聚合的终止情况见表2-6。

由表2-6可见，升高温度会使歧化终止比例增加。这是由于歧化终止需要夺取氢原子或其他原子，其活化能比偶合终止高造成的。另外，自由基碳原子带有侧烷基的歧化终止比例也有所增加。

表2-6 自由基聚合的终止方式

单 体	温度/℃	偶合终止比例/%	歧化终止比例/%	单 体	温度/℃	偶合终止比例/%	歧化终止比例/%
苯乙烯	0～60	100	0	甲基丙烯酸甲酯	0	40	60
对氯苯乙烯	60～80	100	0		25	32	68
对甲氧基苯乙烯	60	81	19		60	15	85
	80	53	47	丙烯腈	40,60	92	8

在工业生产中，链自由基可能与反应器壁碰撞，而被金属的自由电子终止，这种终止方式是单基终止。因此，自由基聚合的设备中，聚合釜和搅拌器等都不能使用碳钢，一般应使用不锈钢或搪瓷衬里。

链终止和链增长是一对竞争反应，主要受反应速率常数和反应物质浓度的大小影响。二者的活化能都很低，反应速率均很快。相比而言，链终止速率常数远大于增长速率常数。但从整个聚合体系宏观来看，反应速率还与反应物质浓度成正比，而单体浓度远远大于自由基浓度，所以增长速率要比终止速率大得多。否则，将不可能有长链自由基和高聚物。

4. 链转移反应

在自由基聚合过程中，链自由基可以与单体加成使链自由基增长，同时还可能从单体、引发剂、溶剂、相对分子质量调节剂等低分子或已形成的大分子上夺取一个原子终止形成稳定大分子，而使这些失去原子的分子成为新的自由基，继续新链的增长，使聚合反应继续进行下去。这一反应称为链转移反应。通式可以写为：

$$\sim CH_2-\underset{X}{\underset{|}{CH}}\cdot + YS \longrightarrow \sim CH_2-\underset{X}{\underset{|}{CHY}} + S\cdot$$

（新自由基）

$$S\cdot + M \longrightarrow SM\cdot \xrightarrow{M} SM^2\cdot \cdots\cdots \longrightarrow$$

分子YS可以是单体、引发剂、溶剂、相对分子质量调节剂或大分子等，其结构中往往含有容易被夺取的原子，如氢、氯等。可见，链转移实质是活性中心的转移，转移后自由基的数目不变，因此，对聚合反应速率影响不大，主要影响聚合产物的相对分子质量。

(1) 向单体转移

向单体转移的速率与单体结构有关，如氯乙烯单体因C—Cl键能较弱而易于链转移，可用下式表示：

$$\sim CH_2\underset{X}{\underset{|}{CH}} + CH_2{=}\underset{X}{\underset{|}{CH}} \longrightarrow \begin{cases} \sim CH_2\underset{X}{\underset{|}{CH_2}} + CH_2{=}\underset{X}{\underset{|}{C}}\cdot & \text{(a)} \\ \sim \underset{X}{\underset{|}{CH}}{=}CH + CH_3\underset{X}{\underset{|}{\dot{C}H}} & \text{(b)} \end{cases}$$

从活化能看，（a）形式活化能较大，因此，向单体转移是以（b）的形式为主。向单体转移结果使原来的长链自由基因链转移而提前终止，造成聚合度降低，但转移后自由基数目并未减少，活性也未减弱，故聚合速率不变。

（2）向引发剂转移

也称为引发剂的诱导分解。自由基聚合体系中存在着引发剂，链自由基可能向引发剂分子夺取一个基团，使链自由基终止为一个大分子，引发剂变为一个初级自由基，可用下式表示：

$$\sim\!\!-CH_2CH\cdot \underset{X}{} +R-R \longrightarrow \sim\!\!-CH_2CHR \underset{X}{} +R\cdot$$

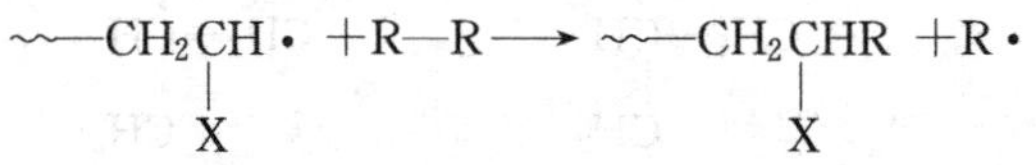

向引发剂转移的结果，自由基数目并无增减，只是损失了一个引发剂分子，因此，反应体系中自由基浓度不变，聚合物相对分子质量降低，引发剂效率下降。有机过氧化物引发剂相对较易链转移，偶氮化合物一般不易发生引发剂链转移。由于引发剂用量一般较少，因而向引发剂转移对聚合度的降低影响不大。

（3）向溶剂或链转移剂转移

向溶剂转移主要发生在溶液聚合中，如果溶剂分子中有弱键存在，且键能越小，其转移能力越强，可用下式表示：

$$R\!\sim\!\!CH_2\!-\!\overset{\cdot}{\underset{X}{CH}} +SH \longrightarrow R\!\sim\!\!CH_2\!-\!\underset{X}{CH_2} +S\cdot$$

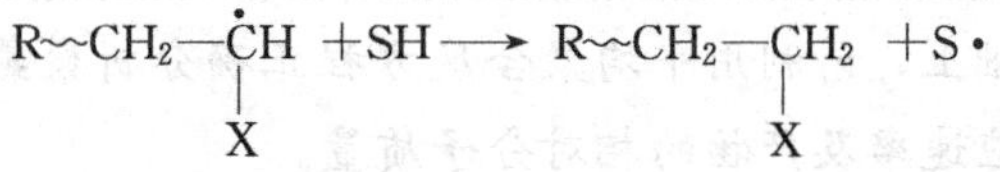

向溶剂分子转移的结果，使聚合度降低，对聚合速率的影响程度取决于新自由基与原自由基活性的对比，当 S· 活性大于 ~~M· 活性，则聚合速率加快，相反就减小；两者活性相等，则聚合速率不变。

如果溶剂分子中带有活泼氢原子或卤原子，则很容易发生这种转移，工业上将这种溶剂称为相对分子质量调节剂或链转移剂。例如丁二烯与苯乙烯乳液共聚制备丁苯橡胶时，加入十二硫醇作为相对分子质量调节剂，以调节丁苯橡胶的相对分子质量。

（4）向大分子转移

这类链转移反应一般发生在叔氢原子或氯原子上，使叔碳上带有孤电子，形成大自由基，再进行链增长，形成支链高分子，也可相互偶合成交联高分子，可用下式表示。

$$M_x\cdot + \sim\!\!CH_2CH\!\sim \underset{X}{} \longrightarrow M_xH+ \sim\!\!CH_2\overset{\cdot}{\underset{X}{C}}\!\sim \xrightarrow{nM} \sim\!\!CH_2\overset{M_n\sim}{\underset{X}{C}}\!\sim$$

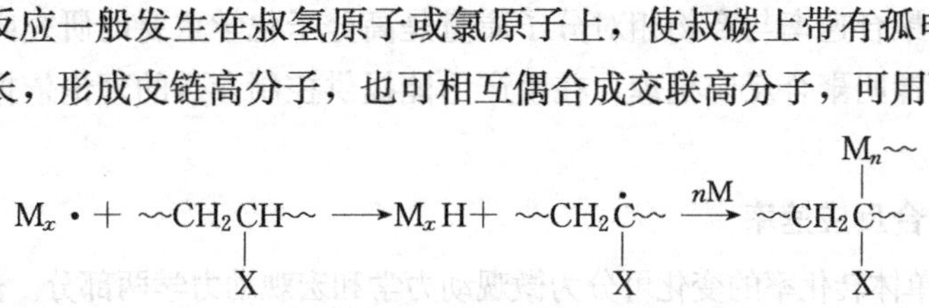

向大分子转移主要发生在聚合物浓度较高的聚合后期，此时单体的转化率较高，体系中大分子的浓度也很大，容易发生这种转移。

（5）向活性链内转移

这种转移也称为"回咬"转移，乙烯在高温、高压下自由基聚合时，聚乙烯链自由基发生转移反应使聚乙烯大分子产生长支链和 $C_2\sim C_4$ 短支链，其中乙基、丁基等短支链的形成就是发生了向活性链内转移的结果。丁基支链是自由基夺取第 5 个亚甲基上的氢形成的。乙基是加上一单体分子后作第二次转移而产生的。

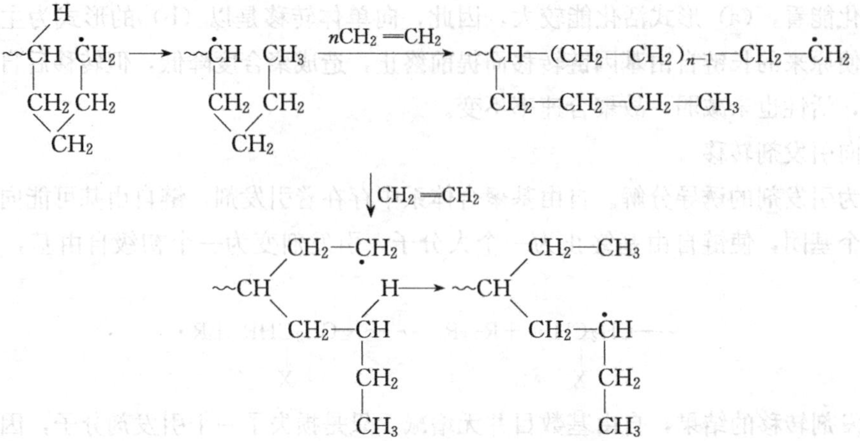

综上所述，自由基聚合反应的基元反应中，链引发速率最小，是控制总聚合速率的关键。其机理特征可归纳为慢引发、快增长、速终止、有转移。

子任务2 自由基聚合反应的控制因素

【任务介绍】

在子任务1的基础上，请利用平均聚合度方程正确分析聚氯乙烯生产中应采用什么方法来控制聚合反应速率及产物的相对分子质量。

【任务分析】

依据自由基聚合反应的基元反应，利用聚合速率的描述，正确分析平均聚合度方程中各项的含义，从而学会正确分析自由基聚合产物相对分子质量的控制方法。

【相关知识】

聚合速率是控制聚合反应过程最重要的指标之一，相对分子质量是描述高聚物最基本的参数之一。因此，聚合速率与产物相对分子质量是高分子化学重要的研究内容。相关研究在理论上可以进一步探明聚合反应机理，在生产上能提供控制参数的理论依据，具有重要的理论与实用价值。

一、自由基聚合反应速率

根据聚合体系单体转化率的变化可分为微观动力学和宏观动力学两部分。微观动力学主要研究聚合初期低转化率下（5%～10%）的聚合速率与单体浓度、引发剂浓度、聚合温度等参数之间的关系。宏观动力学主要研究高转化率下的动力学变化曲线、凝胶效应对聚合的影响等。

1. 自由基聚合反应微观速率方程

聚合速率指单位时间内消耗单体量或生成聚合物的量。常以单体消耗速率（$-d[M]/dt$）或聚合物的生成速率（$d[P]/dt$）表示，以前者的应用为多。

自由基聚合反应包括了链引发、链增长、链终止三步主要基元反应，往往还伴随着链转移反应，各个基元反应对聚合速率均有影响。因此，其过程相当复杂，要想得到聚合反应速率方程式，需要进行简化处理。依前分析，链转移对自由基数无影响，若活性不变，对聚合速率也没有影响，因此在分析聚合速率时，可以不考虑链转移反应。尽管如此，在推导微观速率方程式时，还要做如下四个基本假设。

（1）基本假设

① 自由基等活性假设　假设链自由基的活性与链的长短无关，即各步链增长速率常数相等，不同链自由基对单体的链增长反应速率常数可用同一个 k_p 来表示。即：

$$k_{p_1}=k_{p_2}=k_{p_3}=\cdots=k_p$$

② 稳态假设　假设在聚合反应初期，体系中自由基浓度保持不变，进入“稳定状态”，即 $d[M\cdot]/dt=0$。也可以说链引发速率和链终止速率相等，构成动态平衡。即：

$$R_i=R_t$$

③ 聚合度很大假设　假设单体自由基在很短时间内可以加上成千上万个单体，链引发所消耗的单体远小于链增长消耗的单体，即：$R_i \ll R_p$，由此，聚合总速率近似等于链增长速率。即：

$$R_{总}=\frac{d[M]}{dt}=-\left(\frac{d[M]_i}{dt}+\frac{d[M]_p}{dt}\right)=R_i+R_p\approx R_p$$

④ 假设聚合过程中无链转移，链终止方式仅为双基终止。

（2）微观速率方程

微观聚合速率方程的导出依据是聚合机理。

① 链引发速率方程　引发剂引发时包括以下两步。

第一步，1 个引发剂分解成 2 个初级自由基：

$$I \xrightarrow{k_d} 2R\cdot \qquad\qquad R_d=2fk_d[I]$$

第二步，初级自由基同单体加成形成单体自由基：

$$R\cdot + M \xrightarrow{k_i} RM\cdot \qquad\qquad R_i=k_i[R\cdot][M]$$

由于引发剂分解反应最慢，是反应的控制步骤，因此引发速率一般仅取决于初级自由基的生成速率，而与单体浓度无关。即：

$$R_i=d[R\cdot]/dt=2k_d[I] \tag{2-4}$$

由于诱导分解和笼蔽效应的影响，初级自由基分解的引发剂并不全部参加引发反应，因此需引入引发剂效率 f，则引发剂引发速率方程为：

$$R_i=2fk_d[I] \tag{2-5}$$

式中　[I]——引发剂浓度，mol/L；

R_i——链引发速率，mol/(L·s)；

k_d——引发剂分解速率常数，s^{-1}；

f——引发效率，通常为 0.5～0.8。

② 链增长速率方程　链增长反应是单体与自由基反复加成的反应，速率可用增长反应中单体消耗速率——$d[M]/dt$ 表示。

$$RM_1\cdot + M \xrightarrow{k_{p_1}} RM_2^{\cdot} \qquad R_{p_1}=k_{p_1}[RM_1\cdot][M]$$

$$RM_2\cdot + M \xrightarrow{k_{p_2}} RM_3^{\cdot} \qquad R_{p_2}=k_{p_2}[RM_2\cdot][M]$$

……

$$RM_n\cdot + M \xrightarrow{k_{p_n}} RM_{n+1}^{\cdot} \qquad R_{p_n}=k_{p_n}[RM_n\cdot][M]$$

在链增长过程中，链增长速率是各步链增长反应速率之和，根据等活性假设，则链增长总速率方程为：

$$R_p=\sum R_{p_i}=R_{p_1}+R_{p_2}+\cdots+R_{p_n}=k_p\{[RM_1\cdot]+[RM_2\cdot]+\cdots+[RM_n\cdot]\}[M]$$

令 $[M\cdot]$ 表示体系自由基总浓度，即 $[M\cdot]=[RM_1\cdot]+[RM_2\cdot]+\cdots+[RM_n\cdot]$，则链增长速率可表示为：

$$R_p=k_p[M][M\cdot] \tag{2-6}$$

式中　R_p——链增长速率，mol/(L·s)；

k_p——链增长速率常数，L/(mol·s)；

$[M]$、$[M\cdot]$——分别代表单体和自由基总浓度，mol/L。

③ 链终止速率方程　链终止为双基终止，终止速率以自由基消失速率表示。

偶合终止：　$M_n^{\cdot}+M_m^{\cdot} \xrightarrow{k_{tc}} M_{n+m}$　　$R_{tc}=2k_{tc}[M\cdot]^2$

歧化终止：　$M_n^{\cdot}+M_m^{\cdot} \xrightarrow{k_{td}} M_n+M_m$　　$R_{td}=2k_{td}[M\cdot]^2$

令：$k_t=k_{tc}+k_{td}$，即 k_t 为双基终止速率常数，则链终止速率为：

$$R_t=-\frac{d[M\cdot]}{dt}=R_{tc}+R_{td}=2k_{tc}[M\cdot]^2+2k_{td}[M\cdot]^2=2k_t[M\cdot]^2 \tag{2-7}$$

式中　R_t——链终止速率，mol/(L·s)；

R_{tc}、R_{td}——分别为偶合终止速率与歧化终止速率，mol/(L·s)；

k_t——双基链终止速率常数，L/(mol·s)；

k_{tc}、k_{td}——分别为偶合终止速率常数与歧化终止速率常数，L/(mol·s)；

$[M\cdot]$——自由基总浓度，mol/ L。

式(2-7) 中的数字 2 表示每次链终止同时消失 2 个自由基，这是美国习惯，欧洲习惯不加 2，查表时需注意。

④ 聚合总速率方程　根据稳态假设，$R_i=R_t$，则式(2-7) 可变为：

$$[M\cdot]=(R_i/2k_t)^{1/2} \tag{2-8}$$

根据聚合度很大假设，聚合总速率 $R_{总}\approx R_p$，将式(2-8) 代入式(2-6)，即得自由基聚合反应微观速率方程为：

$$R_p=k_p[M](R_i/2k_t)^{1/2} \tag{2-9}$$

可见，引发方式不同，其聚合反应速率的表达式不同。若引发剂引发时，将式(2-5) 代入式(2-9)，得：

$$R_p=k_p\left(\frac{fk_d}{k_t}\right)^{1/2}[M][I]^{1/2} \tag{2-10}$$

上式表明，引发剂引发时，聚合速率与单体浓度的一次方成正比，与引发剂浓度的平方根成正比。许多在低转化率下的聚合实验结果也表明了上述关系的正确性，聚合速率方程成为了指导高聚物工业生产的理论基础。

⑤ 方程的局限性　从聚合速率方程推导过程可见，该方程是在等活性、稳态、大分子以及在反应初期不发生链转移反应的基础上推导得到的。

该方程的结论 $R_p \propto [I]^{1/2}$，是双基终止的结果。但实际情况有时会存在单基终止与双基终止并存，如在高黏度或沉淀聚合中，结果使聚合速率偏离 1/2 次方而变成 1 次方，也就是存在的可能是 $R_p \propto [I]^{0.5\sim1}$。

该方程的结论 $R_p \propto [M]$，是单体自由基形成速率远大于引发分解速率的结果。但若初级自由基与单体的引发反应较慢，或引发反应与单体浓度有关（例如成正比），则实际也可能是 $R_p \propto [M]^{1\sim1.5}$。

该方程的结论在低转化率条件下成立，也就是反应的初期阶段，当转化率较高时，体系黏度增高，会有自加速等反常现象，使聚合速率变化更加复杂，难以用某一方程式来表示。

2. 自由基聚合反应宏观速率曲线

在自由基聚合反应的全过程中，聚合速率是不断变化的，尤其是高转化率时，难以用适当的函数式来描述，因此，一般常用单体转化率-时间曲线来直观地描述聚合速率的变化规律。其速率变化主要存在三种类型，如图 2-3 所示。

(1) 常见 S 形曲线

如图 2-3 中曲线 1。该曲线可以明显地分为诱导期、聚合初期、聚合中期、聚合后期四个阶段，影响各阶段速率的因素并不完全相同。

① 诱导期（聚合速率为零）　此阶段引发剂分解产生的初级自由基被阻聚杂质所终止，不能引发单体，无聚合物生成，聚合速率为零。在实际工业生产中，存在诱导期的危害是延长聚合周期，增加动力消耗。缩短或消除诱导期的根本途径是必须清除阻聚杂质，将杂质含量控制在 0.003%以下，单体纯度达 99.9%～99.99%以上。非常纯净的单体聚合时，可以没有诱导期。

② 聚合初期（稳态期或等速期）　此阶段在微观动力学研究时，转化率控制在 5%～10%，工业生产中控制在 10%～20%，转化率与时间之间呈近似线性关系。主要原因是在诱导期过后，阻聚杂质已基本耗尽，单体和长链自由基开始正常聚合，且体系中的大分子数量较少，黏度较低，体系处于稳态阶段，聚合恒速进行。此阶段聚合速率关系符合微观动力学方程。

③ 聚合中期（加速期）　随着转化率进一步提高至 10%～20%以后，体系黏度增大，体系会出现自加速现象，将一直延续至转化率达 50%～70%。此阶段由于转化率增高，体系内大分子数目增多，体系黏度不断增大，使长链自由基的活动受阻，甚至活性链的端基被包裹，很难发生双基终止。但低分子单体仍可以自由地与长链自由基碰撞，不影响链增长反应，聚合速率相应增加，由此出现自加速现象。这种由于体系黏度增加所引起的不正常动力学行为称为自加速现象或凝胶效应。

自加速现象将随单体种类及聚合条件的变化有所不同，如图 2-4 所示是甲基丙烯酸甲酯在不同浓度下聚合时的自加速情况。从图中可以看到，当浓度在 40%以下时的溶液聚合时，没有自加速现象；当浓度在60%以上时，自加速现象明显，且随着单体浓度的增加，开始出现自加速现象时的转化率提前。如果是不加溶剂的本体聚合，自加速更激烈。此外溶剂的种类、聚合温度、引发剂用量与活性、链转移反应等对自加速现象也有一定的影响。

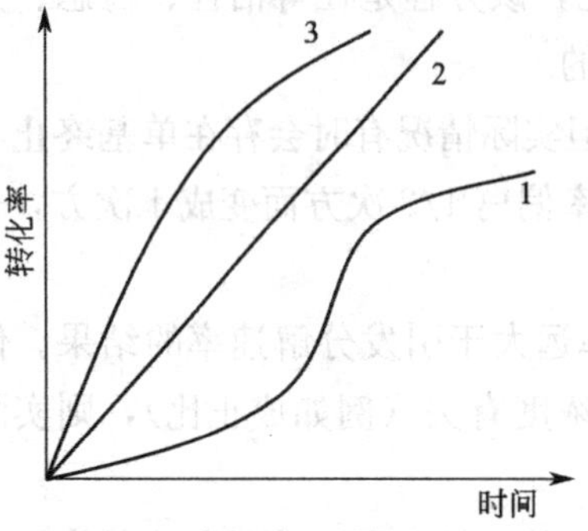

图 2-3 自由基聚合反应转化率-时间曲线
1—常见S形曲线；2—匀速聚合型；
3—前快后慢型

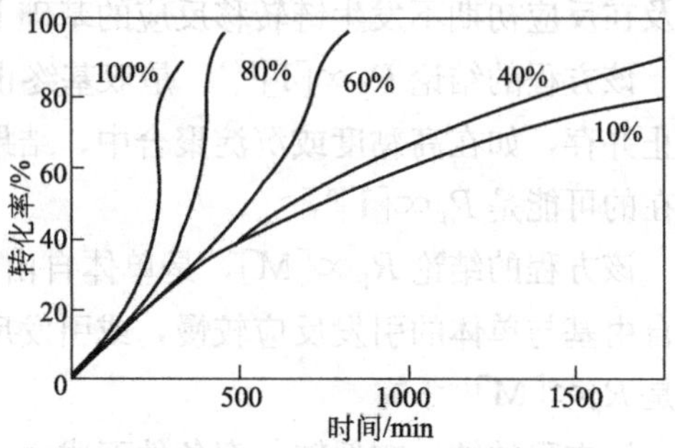

图 2-4 甲基丙烯酸甲酯溶液聚合时单体浓度对自加速的影响
引发剂：BPO；溶剂：苯；温度：50℃；
曲线上数字为甲基丙烯酸甲酯的浓度

自加速现象在自由基聚合反应中是一种普遍存在的现象，在工业生产中很容易造成放热集中，引起爆聚和喷料等生产事故的发生，使生产难以控制，同时高温使单体气化在产物中产生气泡，产物分子量分布变宽，甚至会出现支链及交联，影响聚合产品的质量，因此必须严格加以避免和控制。

自加速现象是由于体系黏度的增加而引起的，因此，凡是能降低黏度的办法都能够推迟或尽量避免自加速的发生，常用的有四种方法。一是采用溶液聚合，利用适当的溶剂来稀释聚合物，降低体系的黏度；二是适当的提高温度，利用液体黏度随温度的升高而降低的性质，将体系的黏度控制在出现自加速的黏度以下；三是采用低温引发剂实现低温乳液聚合；四是添加适当的链转移剂控制聚合物的相对分子质量，降低体系黏度。

有时也可利用自加速现象使聚合反应速率加快，可以缩短聚合周期，提高生产效率。如在聚合开始时，就向单体中加入一定量的高聚物粉末，使体系黏度增大，促进自加速作用提前出现。

④ 聚合后期（减速期） 当单体转化率达50%～70%以后，体系黏度更大，单体和自由基的浓度减小，聚合速率大大降低。此阶段单体的自由碰撞也开始受阻，使链增长速率也大大下降，向大分子发生链转移反应的机会增加，使聚合产物出现支链、分支或交联结构。工业生产上，为了保证产品质量和缩短聚合生产周期，往往达到预期的转化率就停止聚合反应。例如，聚氯乙烯的悬浮聚合最终转化率不超过90%；丁苯橡胶合成中转化率达60%～70%即行停止，分离聚合物，回收未反应单体。

(2) 匀速聚合型

如图 2-3 中曲线 2。如果选用半衰期适当的引发剂，使正常聚合速率的衰减与凝胶效应的自动加速过程互相抵消，就可能出现理想的反应。从工业生产过程控制的角度来说，很希望能达到匀速聚合，但需要合理的选择引发剂。例如聚氯乙烯悬浮聚合生产时，若选用半衰期为 2.0h 左右的引发剂，基本上能达到匀速聚合，也可以选用高活性和低活性复合型引发剂。

(3) 前快后慢型

如图 2-3 中曲线 3。如果选用活性特高的引发剂，聚合初期就会有大量的自由基产生，聚合速率很快，中期以后，由于引发剂浓度很低，聚合会变得很慢，甚至在转化率不高时就停止了聚合，从工业角度看不愿意出现这样的局面，可以采用分批加入引发剂的方法来解决。

二、阻聚与缓聚

在高分子合成的科学研究及实际工业生产中，一般对聚合级单体的纯度要求较高，在聚合前必须要清除或限制影响聚合反应的有害杂质在一定的含量以下，否则将使聚合反应出现诱导期增长或降低聚合反应速率。但部分烯烃类单体如苯乙烯、甲基丙烯酸甲酯等在单体分离、精制、贮存、运输过程中，很容易发生自聚反应，为保证安全，往往要加入一定量的“阻聚杂质”——阻聚剂，在单体使用前再把阻聚剂除掉，否则需使用过量的引发剂。可见，阻聚剂的作用并不次于引发剂，因此，有必要了解这类物质的类型、作用机理，从而选择适用的阻聚剂。

1. 阻聚剂与缓聚剂

从“阻聚杂质”对聚合反应的抑制程度，可分为阻聚剂和缓聚剂两类。

能使反应中的每个活性自由基都消失，而使聚合完全停止的物质称为阻聚剂；只消灭部分自由基或使自由基活性衰减，而使聚合速率减慢的物质称为缓聚剂。阻聚剂与缓聚剂在作用机理上无本质差别，只是作用的程度不同而已，分别称为阻聚作用和缓聚作用，有时两者很难区分。

当体系中存在阻聚剂时，在聚合反应开始以后，并不能马上引发单体聚合，必须在体系中的阻聚剂全部消耗完后，聚合反应才会正常进行。从引发剂开始分解到单体开始转化存在一个时间间隔，称为诱导期。

图 2-5 所示是苯醌、硝基苯和亚硝基苯等对 100℃苯乙烯热引发的影响。由图可知，苯醌是阻聚剂，会导致聚合反应存在诱导期，但在诱导期过后，不会改变聚合速率；硝基苯是

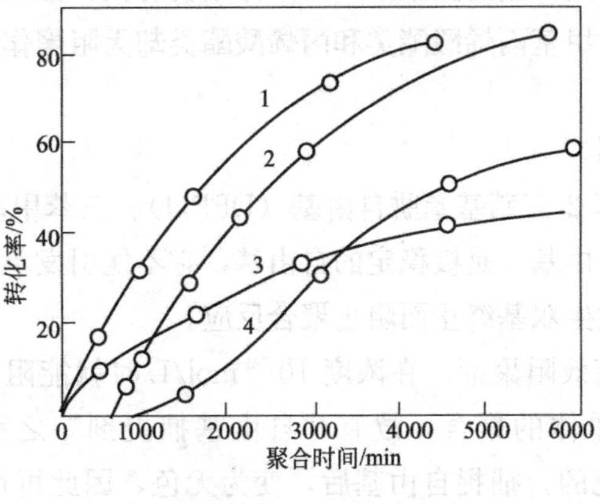

图 2-5 苯乙烯 100℃热引发阻聚剂与缓聚作用的影响

1—无阻聚剂；2—0.1%苯醌；3—0.5%硝基苯；4—0.2%亚硝基苯

缓聚剂，不会导致诱导期，不会使聚合反应完全停止，只会减慢聚合反应速率。亚硝基苯则兼有阻聚和缓聚作用，在一定的反应阶段充当阻聚剂，产生诱导期，反应一段时间后其阻聚作用消失，转而成为缓聚剂，使聚合反应速率减慢。

2. 典型的阻聚剂与阻聚机理

阻聚剂的种类很多，一般分为分子型阻聚剂和自由基型阻聚剂两大类。

(1) 分子型阻聚剂

常见的有苯醌、硝基化合物、芳胺、酚类、含硫化合物等，是工业普遍使用的阻聚剂。其中，苯醌是最重要的常用阻聚剂，加入量在0.1%～0.001%就能达到阻聚效果，但随单体不同其阻聚效果有所不同，如苯醌是苯乙烯、醋酸乙烯酯的有效阻聚剂，但对甲基丙烯酸甲酯、丙烯酸甲酯、丙烯腈等单体却只能起缓聚作用。

苯醌的阻聚行为比较复杂，苯醌分子上的氧和碳原子有可能与自由基发生加成反应，而后发生偶合或歧化终止，其过程可以表示如下：

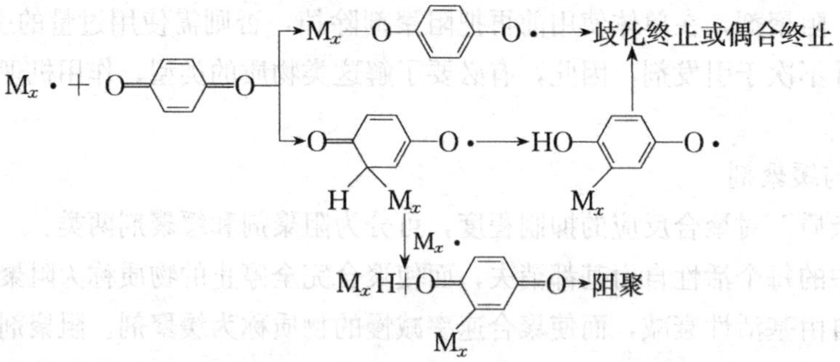

醌类阻聚剂的阻聚能力与醌类结构和单体性质有关。实际应用时，通常使用对苯二酚，经氧化后生成苯醌。酚类阻聚剂同时又是抗氧剂和防老剂，其阻聚作用在单体中有氧存在时才表现出来，是用途广泛的一类阻聚剂，常用的是对叔丁基邻苯二酚和2,6-二叔丁基对甲苯酚（俗称“264”）等。芳胺类阻聚剂只有氧存在条件下才具有阻聚作用，与酚类一样，既能作阻聚剂也能作抗氧剂和防老剂，常用的是对甲苯胺、*N*-亚硝基二苯胺和亚甲基蓝等，亚甲基蓝也是含硫阻聚剂，在氯乙烯悬浮聚合作防黏釜剂使用。硝基及亚硝基化合物阻聚剂一般用作缓聚剂或弱阻聚剂，它的阻聚效果与单体结构有关，如对醋酸乙烯酯是阻聚剂，而对苯乙烯则是缓聚剂，对甲基丙烯酸酯类和丙烯酸酯类却无阻聚作用。常用的有硝基苯、间硝基氯苯等。

(2) 自由基型阻聚剂

常见的有1,1-二苯基-2-三硝基苯肼自由基（DPPH）、三苯甲基自由基等。自由基型阻聚剂本身均含有氮或氧自由基，是极稳定的自由基，它不能引发单体聚合，但能很快与链自由基或初级自由基作用发生双基终止而阻止聚合反应。

DPPH是自由基型高效阻聚剂，在浓度10^{-4} mol/L时就能阻止醋酸乙烯酯、苯乙烯、甲基丙烯酸甲酯等烯类单体的聚合，故有“自由基捕捉剂”之称，也是理想的阻聚剂。DPPH未反应之前是黑色的，捕捉自由基后，变为无色，因此可用比色法来定量判断其消耗情况，科学研究中常用来测定引发速率，进而求引发效率。DPPH的阻聚作用可表示如下：

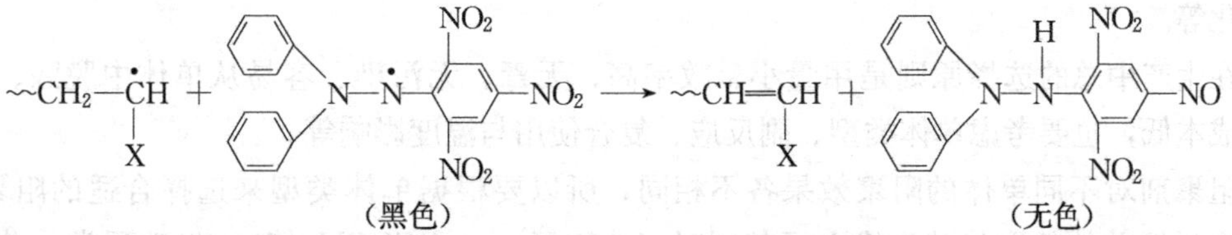

自由基型阻聚剂的阻聚作用虽好，但因制备困难，价格昂贵，所以单体在精制、贮存、运输、终止反应等情况下一般不用，多用于测定引发速率。

（3）特殊物质的阻聚作用

① 氧的阻聚作用　氧具有显著的阻聚作用，可看作是双自由基型阻聚剂，氧与自由基反应，形成不活泼的过氧自由基，过氧自由基本身或与其他自由基歧化或偶合终止，过氧自由基有时也可能与少量单体加成，形成相对分子质量很低的共聚物。生产中，氧的主要来源是由空气带入反应系统中，因此，聚合反应通常要先排除氧，然后在氮气保护下进行。但有时高温时过氧化物能分解出自由基而引发聚合反应，乙烯高温高压聚合用氧作引发剂就是这个原理。

② 金属盐氧化剂　常见的有氯化铁、氯化铜等，这类变价金属盐可与自由基之间发生电子转移反应（即氧化还原反应），将自由基转化为非自由基，使之失去活性，从而阻止或减慢了聚合反应的进行。以氯化铁为例可表示如下：

$$\sim CH_2-\dot{C}H(X) + FeCl_3 \longrightarrow \sim CH_2-CH(Cl)(X) + FeCl_2$$

$$\text{或}\quad \sim C(H)=CH(X) + FeCl_2 + HCl$$

氯化铁不但阻聚效率较高，并能化学计量地消灭一个自由基，因此，常常用于测定引发剂的引发速率。

③ 烯丙基单体的自阻聚作用　在自由基聚合中，烯丙基单体不仅聚合速率很低，并且往往只能得到低聚物。在这类聚合反应中，链自由基与烯丙基单体存在加成和转移两个竞争反应。

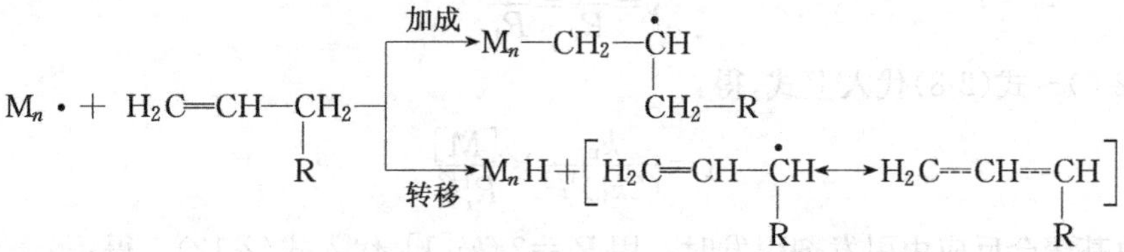

链转移后生成的烯丙基自由基由于有双键的共轭稳定性，因此极易发生，并且不能引发单体聚合，只能与其他自由基终止，得到低聚物。由于起缓聚或阻聚作用的烯丙基单体自身，因此被称为烯丙基单体的自阻聚作用。

3. 阻聚剂的选用原则

阻聚剂在实际生产中不仅种类繁多并且用途广泛，可以防止单体精制与贮运时发生自聚；使聚合在某一转化率下停止，抑制爆聚；测定引发速率，研究聚合机理；防止高分子材料老化等。

在生产中总的选择原则是用量小、效率高、无毒、无污染、容易从单体中脱除、易制造、成本低，也要考虑单体类型、副反应、复合使用与温度影响等。

阻聚剂对不同单体的阻聚效果各不相同，所以要根据单体类型来选择合适的阻聚剂。当聚合烯烃单体的取代基为推电子基团时（$—C_6H_5$、$—OCOCH_3$等），先选醌类、芳硝基化合物、变价金属盐类等亲电子物质，其次选酚或芳胺类物质；若取代基为吸电子基团（—CN、—COOH、$—COOCH_3$等），先选酚类、芳胺类供电性物质，其次选用醌类和芳硝基化合物。若聚合体系中含有氧气时，则形成的自由基链除 $\sim\dot{C}HX$ 外，还有过氧自由基 ~CHXOO·，要先考虑酚类、胺类，或酚、胺合用，其次考虑选用醌类、芳硝基化合物、变价金属盐类等。

实际上，究竟选择何种阻聚剂，还需要经过大量的实验来确定。如苯乙烯在贮存过程中很容易发生自聚，可加入苯醌或对叔丁基邻苯二酚作阻聚剂，实践证明，对叔丁基邻苯二酚的加入量少，且阻聚效果好。

三、自由基聚合反应产物的平均相对分子质量

平均相对分子质量及其分布是衡量聚合产物质量的重要指标，也是工业生产中的主要控制因素。高聚物的许多性能如强度、力学性能、热稳定性、加工性能等都和平均相对分子质量有着密切的关系，此外，引发剂浓度及聚合温度等因素也以不同方式影响聚合速率和聚合产物的平均相对分子质量，影响规律往往相反。如聚合温度增加，聚合速率增大，平均相对分子质量降低。

前述，链转移反应对聚合速率影响可不予考虑，但对聚合产物的平均相对分子质量的影响很大。分述两种情况如下。

1. 无链转移时的聚合度方程

（1）动力学链长

无链转移时的聚合度通常用动力学链长表示。所谓动力学链长是指每个活性中心从引发到终止所平均消耗的单体分子数，以 ν 表示。动力学链长为增长速率和引发速率的比，依据稳态时引发速率等于终止速率，则动力学链长可表示为：

$$\nu=\frac{R_p}{R_i}=\frac{R_p}{R_t} \tag{2-11}$$

将式(2-6)～式(2-8)代入上式，得：

$$\nu=\frac{k_p}{(2k_t)^{1/2}}\times\frac{[M]}{R_i^{1/2}} \tag{2-12}$$

若自由基聚合反应由引发剂引发时，用 $R_i=2fk_d[I]$ 代入式(2-12)，得：

$$\nu=\frac{k_p}{2(fk_dk_t)^{1/2}}\times\frac{[M]}{[I]^{1/2}} \tag{2-13}$$

由式(2-13) 可知，动力学链长与单体浓度的一次方成正比，与引发剂浓度平方根成反比。可见，在自由基聚合体系中，增加引发剂用量虽然可以提高聚合速率，但又使聚合产物的相对分子质量降低，因此，生产中要严格控制引发剂的用量，此外，动力学链长还和聚合温度有关，聚合温度升高，聚合速率增大，平均相对分子质量降低。

(2) 动力学链长与平均聚合度的关系

平均聚合度是指平均每个聚合物分子中所含单体单元数，它与动力学链长的关系取决于链终止方式。

偶合终止时：

$$\overline{X}_n = 2\nu = \frac{k_p}{(fk_d k_t)^{1/2}} \times \frac{[M]}{[I]^{1/2}} \tag{2-14}$$

歧化终止时：

$$\overline{X}_n = \nu = \frac{k_p}{2(fk_d k_t)^{1/2}} \times \frac{[M]}{[I]^{1/2}} \tag{2-15}$$

两种终止方式同时存在时，可按比例计算：

$$\overline{X}_n = \frac{\nu}{\frac{C}{2} + D} \tag{2-16}$$

式中，C、D 分别代表偶合终止和歧化终止的分率。

2. 有链转移时的聚合度方程

在自由基聚合反应中，当有链转移反应发生时，一般不会影响聚合反应速率，但会对聚合产物的相对分子质量产生很大影响。在前所述的机理中可知，链转移反应的结果会使产物的相对分子质量降低，此时产物的平均聚合度应包含以下几个部分：

$$\overline{X}_n = \frac{\text{单体消耗速率}}{\text{正常终止速率} + \text{链终止速率}} = \frac{R_p}{R_t + R_{trM} + R_{trI} + R_{trS} + R_{trP}} \tag{2-17}$$

向单体、引发剂、溶剂及大分子转移的反应式及聚合速率方程可表示如下。

向单体转移：

$$\sim\!\!\sim M\cdot + M \xrightarrow{k_{trM}} \sim\!\!\sim M + M\cdot \qquad R_{trM} = k_{trM}[M\cdot][M] \tag{2-18}$$

向引发剂转移：

$$\sim\!\!\sim M\cdot + R{-}R \xrightarrow{k_{trI}} \sim\!\!\sim MR + R\cdot \qquad R_{trI} = k_{trI}[M\cdot][I] \tag{2-19}$$

向溶剂转移：

$$\sim\!\!\sim M\cdot + SY \xrightarrow{k_{trS}} \sim\!\!\sim MY + S\cdot \qquad R_{trS} = k_{trS}[M\cdot][S] \tag{2-20}$$

向大分子链转移

$$\sim\!\!\sim M\cdot + PH \xrightarrow{k_{trP}} \sim\!\!\sim MH + P\cdot \qquad R_{trP} = k_{trP}[M\cdot][P] \tag{2-21}$$

歧化终止时，将式(2-18)～式(2-21) 带入式(2-17)，取倒数，整理得：

$$\frac{1}{\overline{X}_n} = \frac{1}{\nu} + \frac{k_{trM}}{k_p} + \frac{k_{trI}}{k_p} \times \frac{[I]}{[M]} + \frac{k_{trS}}{k_p} \times \frac{[S]}{[M]} + \frac{k_{trP}}{k_p} \times \frac{[P]}{[M]} \tag{2-22}$$

式中 k_{trM}、k_{trI}、k_{trS}、k_{trP}——向单体、引发剂、溶剂、大分子转移的速率常数；

[S]、[P]——溶剂、大分子浓度。

令：$C_M = \frac{k_{trM}}{k_p}$，$C_I = \frac{k_{trI}}{k_p}$，$C_S = \frac{k_{trS}}{k_p}$，$C_P = \frac{k_{trP}}{k_p}$为向单体、引发剂、溶剂、大分子转移的常数，则式(2-22) 变为：

$$\frac{1}{\overline{X}_n} = \frac{1}{\nu} + C_M + C_I \frac{[I]}{[M]} + C_S \frac{[S]}{[M]} + C_P \frac{[P]}{[M]} \tag{2-23}$$

上式表明，正常聚合时双基终止（歧化终止）、向单体转移、向引发剂转移、向溶剂转移和向大分子转移等项对产物平均聚合度均有贡献。各类链转移常数，可以从聚合物手册中查取，选用时，必须注意指定单体、溶剂和温度条件。聚合产物的平均聚合度不仅与单体浓度、引发剂浓度、链转移剂浓度有关，而且还与单体、引发剂及链转移剂的链转移能力有关。

（1）向单体转移

当实施本体聚合时，体系中没有溶剂，则 $C_S=0$；若采用无诱导反应发生的偶氮类引发剂或热引发，则 $C_I\approx0$；若向大分子转移很少，则 $C_P\approx0$。式(2-23) 将简化为：

$$\frac{1}{\overline{X}_n}=\frac{1}{\nu}+C_M \tag{2-24}$$

此时，体系可近似看成只发生向单体链转移反应，聚合度与向单体链转移常数 C_M 有关。向单体转移的能力与单体结构、聚合温度等有关。当单体分子中带有叔氢原子、氯原子等键合力较小的原子时，容易被自由基夺取而发生转移反应；并且，链转移常数 C_M 随温度升高而增大。表 2-7 中列出了常见单体在不同温度下的链转移常数 C_M。

表 2-7 向单体转移的链转移常数（$C_M\times10^4$）

单体	温度/℃				
	30	50	60	70	80
甲基丙烯酸甲酯	0.12	0.15	0.18	0.3	0.4
丙烯腈	0.15	0.27	0.30		
苯乙烯	0.32	0.62	0.85	1.16	
醋酸乙烯酯	0.94(40℃)	1.29	1.91		
氯乙烯	6.25	13.5	20.2	23.8	

从表 2-7 中可以看到，多数单体像甲基丙烯酸甲酯、丙烯腈和苯乙烯的链转移常数 C_M 都很小，对产物的相对分子质量影响不大。但氯乙烯由于结构中的 C—Cl 键能较低，氯原子很容易被夺取，其链转移常数 C_M 值是乙烯基单体中最大的，甚至远远超过了正常的终止速率，即 $R_{trM}\gg R_t$。故使聚氯乙烯的平均聚合度仅取决于向单体链转移的速率常数 C_M。

$$\overline{X}_n=\frac{R_p}{R_t+R_{trM}}\approx\frac{R_p}{R_{trM}}=\frac{k_p}{k_{trM}}=\frac{1}{C_M} \tag{2-25}$$

从表中也可以看出，聚合温度升高，C_M 增大，则聚氯乙烯产物的聚合度降低。生产实践证明，氯乙烯悬浮聚合时产物的聚合度与引发剂用量、单体转化率基本无关，只取决于聚合温度。因此，生产中采用聚合温度控制聚合度，聚合反应速率用引发剂的用量来调节。

【实例 2-2】 已知某一单体在 60℃下密度为 0.887g/mL，$M_{单体}=104$g/mol，在此温度下以偶氮二异丁腈为引发剂进行本体聚合，引发剂的浓度为 0.04mol/L，引发效率为 1.0，引发剂分解速率常数为 $1.16\times10^{-5}\,s^{-1}$，链增长速率为 176L/(mol·s)，链终止速率为 3.6×10^7 L/(mol·s)。若产物的平均聚合度为 100，产物以偶合终止为主，求向单体转移常数 C_M = ?

解：单体浓度$[M]=\rho/M=0.887\times10^3/104=8.53$ (mol/L)

采用本体聚合：$[S]=0$；采用偶氮二异丁腈为引发剂：$C_I=0$；向大分子转移很少：$C_P=0$。

$$2\nu=\frac{k_p}{(fk_dk_t)^{\frac{1}{2}}}\times\frac{[M]}{[I]^{\frac{1}{2}}}=\frac{176}{(1.0\times1.16\times10^{-5}\times3.6\times10^{-7})^{1/2}}\times\frac{5.53}{(0.04)^{1/2}}=367.33$$

由 $\frac{1}{\overline{X}_n}=\frac{1}{2\nu}+C_M+C_I\frac{[I]}{[M]}+C_S\frac{[S]}{[M]}+C_P\frac{[P]}{[M]}$　$\frac{1}{\overline{X}_n}=\frac{1}{2\nu}+C_M$

$$C_M=\frac{1}{\overline{X}_n}-\frac{1}{2\nu}=\frac{1}{100}-\frac{1}{367.33}=7.28\times10^{-3}$$

(2) 向引发剂转移

向引发剂发生链转移是由于引发剂的诱导分解而引起的，主要发生在过氧化物类引发剂中。不仅影响了引发剂的引发效率，也会使聚合产物的平均聚合度降低。通常情况下，虽然向引发剂转移常数 C_I 比 C_M 和 C_S 大，但一般情况下引发剂的浓度一般很小，因此，向引发剂转移造成产物聚合度下降的影响不大，可以忽略不计。

(3) 向溶剂或链转移剂转移

向溶剂转移对平均聚合度的影响是只有在实施溶液聚合时才加以考虑。将式(2-23) 右边的其余四项合并，用 $(1/\overline{X}_n)_0$ 表示无溶剂或链转移剂时的平均聚合度倒数，可写成：

$$\frac{1}{\overline{X}_n}=\left(\frac{1}{\overline{X}_n}\right)_0+C_S\times\frac{[S]}{[M]}\tag{2-26}$$

实验测定，在不同 [S]/[M] 下的产物聚合度，以 $1/\overline{X}_n$ 对 [S]/[M] 作图，可得到一条直线，该直线的斜率即为向溶剂转移常数 C_S。图 2-6 所示为 100℃时苯乙烯热聚合烃类溶剂对平均聚合度的影响。

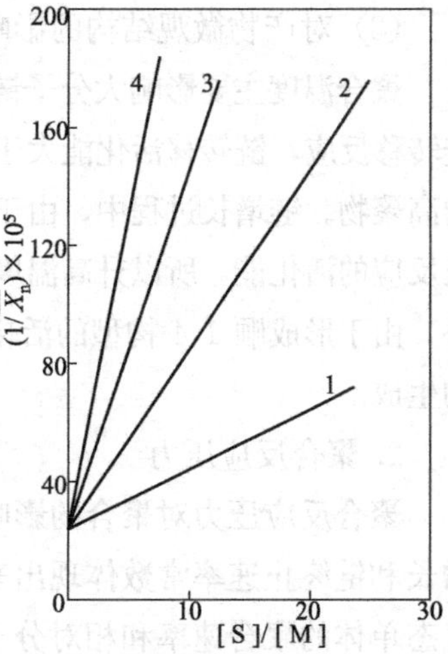

图 2-6　烃类溶剂对聚苯乙烯平均聚合度的影响
(100℃苯乙烯热聚合)
1—苯；2—甲苯；3—乙苯；4—异丙苯

向溶剂链转移常数 C_S 的大小受溶剂结构、单体（或自由基）结构及聚合温度的影响。如溶剂分子中有活泼氢或卤原子时，C_S 一般较大，特别是脂肪族的硫醇 C_S 较大，常用作相对分子质量调节剂。温度升高，向溶剂转移常数 C_S 增大。向溶剂转移常数可从相关手册中查得，在选用时，必须注意指定的单体、溶剂和温度。

在高分子合成生产工业上，有时为了控制产物的相对分子质量，确保合适的加工性能，需要人为加入特殊的溶剂（链转移剂）。另外，制备低相对分子质量的聚合物，如制备润滑油、表面活性剂等化工材料，也需要先用适当的链转移剂来调节相对分子质量。

(4) 向大分子转移

前述，向大分子发生链转移的结果是在大分子主链上生成活性点，单体在活性点上增长，形成许多长支链及短支链。这种转移对平均聚合度的影响不大，支链的存在主要影响高聚物的结晶度、密度、强度等物理力学性能。向大分子转移常数 C_P 随温度升高而增加。

四、自由基聚合反应的影响因素

影响自由基聚合反应的主要因素有原料纯度与杂质、引发剂浓度、单体浓度、聚合温度、聚合压力等。其中引发剂浓度、单体浓度对聚合速率及聚合产物聚合度的影响已在前面有所探讨。因此，这里仅重点讨论聚合温度、聚合压力、原料纯度与杂质对聚合反应的影响。

1. 聚合反应温度

和一般的化学反应一样，聚合反应对温度最为敏感，尤其是热引发或引发剂引发的聚合反应受温度的影响更为显著。温度不但影响聚合速率和产物的平均聚合度，还会影响产物的微观结构。

(1) 对聚合速率的影响

根据阿累尼乌斯（Arrhenius）方程，聚合速率随温度的升高而增大。但必须注意，当反应体系的温度达到一定程度，继续提高温度，链增长将不能继续，反而会发生解聚反应，温度的升高应以单体的临界温度为限。

(2) 对产物平均聚合度的影响

根据聚合产物的平均聚合度方程，采用引发剂引发时，一般温度升高，产物平均聚合度下降。但若采用光引发，温度升高，产物平均聚合度亦随之增大，这也是光引发的重要特征。因此，聚合反应温度是影响聚合产物产品质量的一个重要参数，为防止产物相对分子质量的波动，必须严格控制聚合反应温度。

(3) 对产物微观结构的影响

聚合温度主要影响大分子链的支化程度、序列结构和空间构型。提高聚合反应温度有利于链转移反应，链转移活化能大于链增长，所以升高温度会使支化程度相应增大，易生成支链多的高聚物。链增长过程中，由于“头-头”或“尾-尾”连接聚合反应的活化能大于“头-尾”增长反应的活化能，所以升高温度将使产物结构中“头-头”（或“尾-尾”）连接的比例增加。另外，由于形成顺-1,4-构型的活化能大于反-1,4-构型的活化能，所以升高温度利于顺-1,4-构型的生成。

2. 聚合反应压力

聚合反应压力对聚合的影响与温度对聚合的影响相类似，也是通过链引发速率常数、链增长和链终止速率常数体现出来的。一般来说，压力对液相聚合或固相聚合影响较小，但对气态单体的聚合速率和相对分子质量的影响较显著。通常情况下，聚合压力增高，活性链与单体之间的碰撞次数增多，反应活化能降低，因此聚合速率加快，产物相对分子质量增大，支化程度降低。但是，压力对聚合反应速率的影响要比温度的影响要小。工业生产上，只有当聚合反应温度一开始就比较高时，才使用高压聚合反应。

3. 原料纯度与杂质

高分子合成所用的主要原料有单体、引发剂、溶剂、水及其他各种助剂等，在生产上，对原料的纯度有严格的要求。一般聚合级的单体纯度在 99.9%～99.99%，杂质的含量在 0.01%～0.1%。不同的聚合反应条件，对原料纯度要求也不同。如对聚合级氯乙烯单体的要求是纯度＞99.9%、乙炔含量＜0.001%、铁含量＜0.001%、乙醛含量＜0.001，且高沸点物微量。这里有些杂质的含量虽少，但对氯乙烯聚合的影响颇大。表 2-8 中列出乙炔对氯乙烯聚合的影响。

表 2-8　乙炔对氯乙烯聚合的影响

乙炔含量/%	诱导期/h	转化率达 85%时所需的时间/h	聚合度
0.0009	3	11	2300
0.03	4	11.5	1000
0.07	5	21	500
0.13	8	24	300

总之，杂质的影响是多方面的，对高聚物性能的影响以本体聚合最为显著，微量杂质的存在就不能获得高相对分子质量的聚合物。

子任务 3　自由基型共聚合反应

【任务介绍】

某丁腈橡胶生产企业，想要生产牌号为丁腈-40（共聚物中含丙烯腈单体单元的质量分数是 40%）的产品，应该怎样配料？生产时采用怎样的投料方法，才能得到组成基本一致的共聚产物？

【任务分析】

在掌握自由基型共聚合反应机理的基础上，理解共聚物组成方程及曲线的意义，理解其对共聚物生产中原料配比及共聚产物组成的影响。

【相关知识】

由两种或两种以上单体共同参加的聚合反应称共聚合反应，得到的聚合产物大分子链中含有两种或两种以上的单体单元，称为共聚物。目前，理论研究比较透彻的是二元共聚反应，三元共聚只限于实际应用，对于两种单体发生的缩聚反应则不采用“共聚合”这一术语，共聚合仅用于连锁聚合中，如自由基型共聚合、离子型共聚合等，但是实际应用中，自由基型共聚合较多，因此，这里只介绍自由基型二元共聚合反应的基本情况。

一、自由基型共聚物及其应用

1. 共聚物的类型

对于二元共聚合反应，按照两种结构单元在大分子链中的排列方式不同，可把共聚物分为四种类型。这里用 M_1 代表第一种单体单元，M_2 代表第二种单体单元。

（1）无规共聚物

其结构为：～$M_1M_2M_2M_1M_2M_1M_1M_2M_2M_2$～

即两种单体单元 M_1、M_2 在共聚物大分子链中无规则排列，且 M_1 和 M_2 的连续单元数较少，从 1 到几十不等。自由基共聚得到的多为此类聚合产物，这类高聚物在命名时，常以单体名称间加“-”，后缀加“共聚物”，如聚甲基丙烯酸甲酯-苯乙烯共聚物。

（2）交替共聚物

其结构为：～$M_1M_2M_1M_2M_1M_2M_1M_2M_1M_2$～

即两种单体单元 M_1、M_2 在共聚物大分子链中有规则地交替排列。实际上，可看成是无规共聚物的一种特例，命名时为了区分于无规共聚物，后面加“交替”，如聚苯乙烯-顺丁烯二酸酐交替共聚物。

（3）嵌段共聚物

其结构为：$\sim\sim M_1M_1M_1\sim\sim M_1M_1M_1\ M_1\ M_2M_2M_2M_2\sim\sim M_2M_2M_2\sim\sim$

即两种单体单元 M_1、M_2 在共聚物大分子链中成段排列，且每一种链段中单体单元数为几百到几千。嵌段共聚物中各链段间仅通过少量化学键连接，因此各链段基本仍保持原有的性能，类似于不同聚合物之间的共混物。根据两种链段在大分子链中出现的情况，又分为AB型、ABA型和（AB）$_n$型。如聚丁二烯-苯乙烯（AB型）嵌段共聚物、聚苯乙烯-丁二烯-苯乙烯（ABA型）嵌段共聚物等。

（4）接枝共聚物

其结构为：

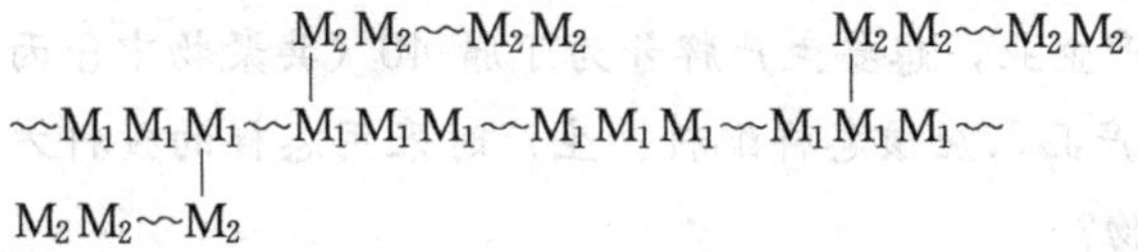

即大分子主链由单元 M_1 组成，支链由单元 M_2 组成。这类共聚物命名时，以主链名称加“接枝”再加支链名称，后缀共聚物，如聚丁二烯接枝苯乙烯共聚物（高抗冲聚苯乙烯HIPS）。

国际命名中，常在共聚单体间插入英文缩写，*-co-*、*-alt-*、*-b-*、*-g-*，分别代表无规、交替、嵌段和接枝。上面几个典型共聚物可命名为聚甲基丙烯酸甲酯-*co*-苯乙烯、聚苯乙烯-*alt*-顺丁烯二酸酐、聚丁二烯-*b*-苯乙烯、聚丁二烯-*g*-苯乙烯。

2. 共聚物的应用

对于自由基共聚合反应的探索，无论在实际应用中还是在理论研究中，都具有重要意义。

（1）增加高聚物品种

通过共聚合反应扩大了单体的使用范围，合成许多新型聚合物，显著增加聚合物品种。如顺丁烯二酸酐（马来酸酐）和1,2-二苯基乙烯，都不能发生均聚反应，却能和其他单体进行共聚合。这样，通过共聚合能从有限的单体中，依据实际需要及共聚的可能性，经过不同的组合与配比，便可得到种类繁多、性能各异的共聚物，以满足不同的使用要求。如丁苯橡胶、丁腈橡胶、乙丙橡胶、丙烯酸酯类共聚物、ABS树脂、含氟共聚物塑料等等，都是由自由基共聚合反应合成的。

（2）改进高聚物的性能

通过共聚合反应可改变均聚物的组成与结构，吸取均聚物的长处，改进诸多性能，如力学性能、热性能、电性能、溶解性能、染色性能、表面性能和老化性能等，从而获得综合性能优异的高聚物。性能改变的程度与第二、第三单体的种类、数量以及单体单元的排布方式有关。如均聚苯乙烯性脆、抗冲击强度和抗溶剂性能都很差，实际使用受到很大限制，若将苯乙烯与丁二烯进行二元共聚，可得到高抗冲击聚苯乙烯，与丙烯腈、丁二烯进行三元共聚，可得到综合性能好、广泛应用的ABS工程塑料。

（3）扩展理论研究范围

在均聚反应中，主要研究的是聚合机理、聚合反应速率、聚合产物的相对分子质量及分布。在共聚反应中，除了研究上述问题外，还可测定单体、自由基及离子的相对活性，了解单体活性和结构的关系，从而控制共聚物组成和结构，预测合成新型聚合物的可能性，进一步完善高分子化学理论体系。表 2-9 中列出了典型共聚物改性的例子。

表 2-9　典型共聚物及其性能

主单体	第二单体	改进的性能和主要性能
乙烯	乙酸乙烯酯	增加柔性，软塑料，可作聚氯乙烯共混料
乙烯	丙烯	破坏结晶性，增加柔性和弹性，乙丙橡胶
异丁烯	异戊二烯	引入双键供交联用，丁基橡胶
丁二烯	苯乙烯	增加强度，耐磨耗，通用丁苯橡胶
丁二烯	丙烯腈	增加耐油性，丁腈橡胶
苯乙烯	丙烯腈	提高抗冲强度，增韧塑料
氯乙烯	乙酸乙烯酯	增加塑性和溶解性能，塑料和涂料
四氟乙烯	全氟丙烯	破坏结构规整性，增加柔性，特种橡胶
甲基丙烯酸甲酯	苯乙烯	改善流动性和加工性能，模塑料
丙烯腈	丙烯酸甲酯衣康酸	改善柔软性和染色性能，合成纤维

二、自由基型共聚合机理

在自由基共聚反应中，由于共聚单体的结构不同、活性不同，导致进入共聚物链中的单体比例不同，即共聚物的组成不同，性能也有所不同。因此，共聚物的组成是共聚合反应研究的核心问题，组成关系取决于聚合机理。

自由基共聚合反应与均聚反应相似，也可分为链引发、链增长、链终止、链转移等基元反应。但由于二元共聚中有两种单体参加反应，因此，其基元反应比较复杂，包含了两种链引发、四种链增长、三种链终止，还有若干个链转移反应。

若以 M_1、M_2 分别代表两种单体，$\sim\sim M_1\cdot$、$\sim\sim M_2\cdot$ 代表两种链自由基，它们的末端单体单元分别为 M_1 和 M_2，则各聚合反应机理及速率方程式如下。

1. 链引发反应（引发剂引发）

$$I \longrightarrow 2R\cdot$$

$$R\cdot + M_1 \xrightarrow{k_{i1}} RM_1\cdot \qquad R_{i1}=k_{i1}[R\cdot][M_1] \tag{2-27}$$

$$R\cdot + M_2 \xrightarrow{k_{i2}} RM_2\cdot \qquad R_{i2}=k_{i2}[R\cdot][M_2] \tag{2-28}$$

式中，k_{i1}，k_{i2} 为初级自由基引发单体 M_1、M_2 的速率常数。

2. 链增长反应

$$\sim\sim M_1\cdot + M_1 \xrightarrow{k_{11}} \sim\sim M_1\cdot \qquad R_{11}=k_{11}[M_1\cdot][M_1] \tag{2-29}$$

$$\sim\sim M_1\cdot + M_2 \xrightarrow{k_{12}} \sim\sim M_2\cdot \qquad R_{12}=k_{12}[M_1\cdot][M_2] \tag{2-30}$$

$$\sim\sim M_2\cdot + M_2 \xrightarrow{k_{22}} \sim\sim M_2\cdot \qquad R_{22}=k_{22}[M_2\cdot][M_2] \tag{2-31}$$

$$\sim\sim M_2\cdot + M_1 \xrightarrow{k_{21}} \sim\sim M_1\cdot \qquad R_{21}=k_{21}[M_2\cdot][M_1] \tag{2-32}$$

式中　k_{11}，k_{22}——单体 M_1、M_2 的均聚速率常数；

k_{12}，k_{21}——单体 M_1、M_2的共聚速率常数；

R_{11}，R_{22}——单体 M_1、M_2的均聚速率；

R_{12}，R_{21}——单体 M_1、M_2的共聚速率。

3. 链终止反应

$$\sim\sim M_1\cdot + \cdot M_1\sim\sim \xrightarrow{k_{t11}} M_n \text{ 或 } 2M_n \qquad R_{t11}=2k_{t11}[M_1\cdot]^2 \tag{2-33}$$

$$\sim\sim M_2\cdot + \cdot M_2\sim\sim \xrightarrow{k_{22}} M_n \text{ 或 } 2M_n \qquad R_{t22}=2k_{t22}[M_2\cdot]^2 \tag{2-34}$$

$$\sim\sim M_1\cdot + \cdot M_2\sim\sim \xrightarrow{k_{t12}} M_n \text{ 或 } 2M_n \qquad R_{t12}=2k_{t12}[M_1\cdot][M_2\cdot] \tag{2-35}$$

式中 k_{t11}，k_{t22}，k_{t12}——双基终止速率常数；

R_{t11}，R_{t22}——自终止速率；

R_{t12}——交叉终止速率。

说明，以上各符号下标中的第一个数字均表示某自由基；第二个数字均表示某单体。

三、自由基共聚物组成方程

共聚物组成方程是描述共聚物组成与单体组成之间的定量关系。从上述聚合机理中显而易见，共聚反应比均聚反应复杂得多，且单体越多，聚合反应过程越复杂，尤其是在链增长过程中的增长链活性中心是多样的。针对共聚反应过程的复杂性，在进行共聚物组成方程推导时，与均聚反应做相似的假设。

1. 基本假设

（1）自由基等活性假设

链自由基的反应活性与链长无关。即四种链增长反应速率常数在整个聚合反应过程中分别保持不变，分别为 k_{11}，k_{12}，k_{21}，k_{22}。

（2）无前末端效应假设

链自由基的反应活性仅取决于末端单体单元的结构，与前末端（倒数第二）单体单元的结构无关，即中间单元结构对自由基活性无影响。

（3）聚合度很大假设

共聚物的组成取决于链增长反应，即链引发与链终止对共聚物组成影响可以忽略，单体仅消耗于链增长反应。

（4）稳态假设

自由基总浓度及两种链自由基浓度都不随反应时间而变化，即不但链引发速率等于链终止速率，且两种链自由基相互转化速率 R_{12}与 R_{21}也相等。

（5）其他假设

假设共聚反应过程中无链转移反应，且不存在解聚等副反应。

2. 共聚物组成微分方程

共聚物组成微分方程是表示共聚物组成最基本的方程。某一瞬间共聚物的组成，可以用该瞬间单体消耗速率之比来表示。即：

$$\frac{d[M_1]}{d[M_2]}=\frac{-\dfrac{d[M_1]}{dt}}{-\dfrac{d[M_2]}{dt}}$$

根据聚合度很大假设，单体 M_1、M_2的消耗速率仅取决于链增长速率，则：

$$-\frac{d[M_1]}{dt}=R_{11}+R_{21}=k_{11}[M_1\cdot][M_1]+k_{21}[M_2\cdot][M_1] \tag{2-36}$$

$$-\frac{d[M_2]}{dt}=R_{12}+R_{22}=k_{12}[M_1\cdot][M_2]+k_{22}[M_2\cdot][M_2] \tag{2-37}$$

由式(2-36) 和式(2-37) 可得：

$$\frac{d[M_1]}{d[M_2]}=\frac{k_{11}[M_1\cdot][M_1]+k_{21}[M_2\cdot][M_1]}{k_{12}[M_1\cdot][M_2]+k_{22}[M_2\cdot][M_2]} \tag{2-38}$$

由稳态假定，两种链自由基转化速率 R_{12}与 R_{21}相等，即：

$$k_{12}[M_1\cdot][M_2]=k_{21}[M_2\cdot][M_1] \tag{2-39}$$

移项得

$$[M_2\cdot]=\frac{k_{12}[M_2]}{k_{21}[M_1]}\times[M_1\cdot] \tag{2-40}$$

将式(2-40) 代入式(2-38)，将自由基浓度项消去，并令 $r_1=k_{11}/k_{12}$，$r_2=k_{22}/k_{21}$（r_1，r_2 称为竞聚率），则可由式(2-38) 整理得：

$$\frac{d[M_1]}{d[M_2]}=\frac{[M_1]}{[M_2]}\times\frac{r_1[M_1]+[M_2]}{r_2[M_2]+[M_1]} \tag{2-41}$$

上式表示了共聚物瞬时组成与单体组成之间的定量关系，称为共聚物组成微分方程，也称为 Mayo-Lewis。实际应用上，为了方便起见，常用摩尔分数或质量浓度的比来表示共聚物组成方程。

3. 以摩尔分数表示的共聚物组成方程

若以 f_1、f_2分别表示某一瞬间单体 M_1和 M_2占单体混合物的摩尔分数，即：

$$f_1=1-f_2=\frac{[M_1]}{[M_1]+[M_2]}$$

以 F_1、F_2分别表示同一瞬间共聚物中 M_1和 M_2单体单元所占的摩尔分数，即：

$$F_1=1-F_2=\frac{d[M_1]}{d[M_1]+d[M_2]}$$

式(2-41) 可化为以摩尔分数表示的共聚物组成方程：

$$F_1=\frac{r_1f_1^2+f_1f_2}{r_1f_1^2+2f_1f_2+r_2f_2^2} \tag{2-42}$$

由上式可知，若已知竞聚率 r_1和 r_2，则可根据某一瞬间体系内单体 M_1和 M_2的浓度，求出该时刻所形成的聚合物组成，这个方程应用场合较多。

4. 以质量分数表示的共聚物组成方程

若以 $[W_1]$、$[W_2]$ 代表某瞬间原料单体混合物中两种单体的质量浓度，$d[W_1]/d[W_2]$ 代表在此瞬间进入共聚物链的两种单体单元的质量比，式(2-42) 可化为以质量分数表示的共聚物组成方程为：

$$\frac{d[W_1]}{d[W_2]}=\frac{[W_1]}{[W_2]}\times\frac{r_1K[W_1]+[W_2]}{r_2[W_2]+K[W_1]} \tag{2-43}$$

式中，K 为两种单体相对分子质量之比，$K=\overline{M_2}/\overline{M_1}$；$\overline{M_1}$、$\overline{M_2}$在此处分别表示两种单体的相对分子质量。此方程常应用在工业生产中。

5. 竞聚率

竞聚率是指均聚链增长速率常数和共聚链增长速率常数之比，反映了单体的自聚与共聚的竞争能力，常用来以表征两单体的相对活性。

以 r_1 为例，$r_1=k_{11}/k_{12}$，若 $r_1>1$，即 $k_{11}>k_{12}$，则表示链自由基 $\sim\sim M_1\cdot$ 加上同种单体 M_1 的倾向大于加上异种单体 M_2，即单体 M_1 自聚倾向大于共聚倾向。可见，r 不仅是确定共聚物组成的必要参数，也能直观反映自由基两种单体能否共聚或共聚倾向的大小。表2-10中列出了竞聚率的大小与聚合能力的关系。

表 2-10　竞聚率大小与聚合倾向

r_1 的大小	k_{11} 与 k_{12} 比较	聚合倾向
$r_1>1$	$k_{11}>k_{12}$	$\sim\sim M_1\cdot$ 与 M_1 的均聚倾向大于 $\sim\sim M_1\cdot$ 与 M_2 的共聚倾向
$r_1=1$	$k_{11}=k_{12}$	$\sim\sim M_1\cdot$ 与 M_1 的均聚倾向等于 $\sim\sim M_1\cdot$ 与 M_2 的共聚倾向
$r_1<1$	$k_{11}<k_{12}$	$\sim\sim M_1\cdot$ 与 M_1 的均聚倾向小于 $\sim\sim M_1\cdot$ 与 M_2 的共聚倾向
$r_1=0$	$k_{11}=0,k_{12}\neq0$	$\sim\sim M_1\cdot$ 不能与 M_1 均聚，只能与单体 M_2 共聚
$r_1\approx\infty$	$k_{11}\neq0,k_{12}\approx0$	$\sim\sim M_1\cdot$ 只能与 M_1 均聚，不能与单体 M_2 共聚

某一单体的竞聚率不是固定不变的，它随单体的不同组合以及反应条件不同而变化。影响竞聚率的主要因素有聚合温度、聚合压力及溶剂等，常见单体的竞聚率可从有关手册中查到。表 2-11 中列出了常见单体二元共聚的竞聚率数据。

表 2-11　常见单体竞聚率

单体 1	单体 2	r_1	r_2	r_1r_2	温度/℃
丁二烯	异戊二烯	0.75	0.85	0.64	5
	苯乙烯	1.39	0.78	1.08	60
	丙烯腈	0.3	0.02	0.006	40
	甲基丙烯酸甲酯	0.75	0.25	0.188	90
	氯乙烯	8.8	0.035	0.308	50
丙烯腈	丙烯酸	0.35	1.15	0.4025	50
	丙烯酸甲酯	1.40	0.95	1.33	60
	甲基丙烯酸甲酯	0.15	1.20	0.18	60
	甲基乙烯基酮	0.61	1.78	1.086	60
	醋酸乙烯酯	6	0.02	0.12	60
	氯乙烯	2.7	0.04	0.108	60
	偏二氯乙烯	1.20	0.49	0.588	45
甲基丙烯酸甲酯	丙烯酸	1.86	0.24	0.446	50
	丙烯酸甲酯	1.99	0.33	0.657	65
	醋酸乙烯酯	26.0	0.03	0.78	60
	氯乙烯	12.5	0	0	60
	二乙烯基醚	10	0.006	0.06	60
	偏二氯乙烯	2.53	0.2	0.506	60
反丁烯二酸二乙酯	苯乙烯	0.7	0.3	0.21	60
	醋酸乙烯酯	0.444	0.011	0.0049	60
	氯乙烯	0.47	0.12	0.0564	60

续表

单体1	单体2	r_1	r_2	r_1r_2	温度/℃
四氟乙烯	三氟氯乙烯	1.0	1.0	1	60
苯乙烯	异戊二烯	0.80	1.68	1.344	50
	丙烯酸	0.15	0.25	0.0375	50
	丙烯腈	0.40	0.04	0.016	60
	丙烯酸甲酯	0.75	0.20	0.15	60
	甲基丙烯酸甲酯	0.52	0.46	0.239	60
	醋酸乙烯酯	55	0.01	0.55	60
	氯乙烯	17	0.02	0.34	60
	偏二氯乙烯	1.85	0.085	0.157	60
	二乙烯基醚	40	0.002	0.08	60
氯乙烯	丙烯酸甲酯	0.12	4.4	0.528	50
	醋酸乙烯酯	1.68	0.23	0.386	60
	甲基乙烯酮	0.29	0.34	0.101	60
	偏二氯乙烯	0.3	3.2	0.96	60
	乙烯基异丁基酮	2.0	0.2	0.4	50
醋酸乙烯酯	丙烯酸甲酯	0.1	9	0.9	60
	偏二氯乙烯	0	3.6	0	60
顺丁烯二酸酐	苯乙烯	0	0.01	0	60
	丙烯腈	0	6	0	60
	甲基丙烯酸甲酯	0.03	3.5	0.105	60
	氯乙烯	0.008	0.296	0.002	60
	醋酸乙烯酯	0.003	0.055	0.00016	75

四、自由基共聚物组成曲线

在竞聚率确定的情况下，将以摩尔分数表示的共聚物组成方程以 f_1 为横坐标、F_1 为纵坐标作图时，所得到的曲线称为共聚物组成曲线。与共聚物组成方程相比，共聚物组成曲线更能直观形象地表现出两种单体的瞬间组成与共聚物组成关系。根据竞聚率的数值不同，通常将共聚物组成曲线分为理想共聚、交替共聚、非理想共聚和嵌段共聚四种类型。

1. 理想共聚（$r_1 r_2=1$）

(1) 恒比共聚（$r_1=r_2=1$）

恒比共聚是理想共聚的一个特例，此时，$k_{11}=k_{12}$，$k_{22}=k_{21}$，表明两种单体均聚和共聚倾向相等。共聚物组成方程可简化为 $F_1=f_1$，共聚物中两单体单元含量比等于原料单体混合物中两单体的投料比。可见，在此时，不论单体配比及转化率怎样变化，共聚物组成始终等于单体组成，因此，称为恒比共聚。

恒比共聚的曲线是一对角直线，称恒比对角线，如图 2-7 所示。所得共聚物结构是无规的，组成非常均匀。典型的是四氟乙烯（$r_1=1.0$）与三氟氯乙烯（$r_2=1.0$）的自由基共聚。

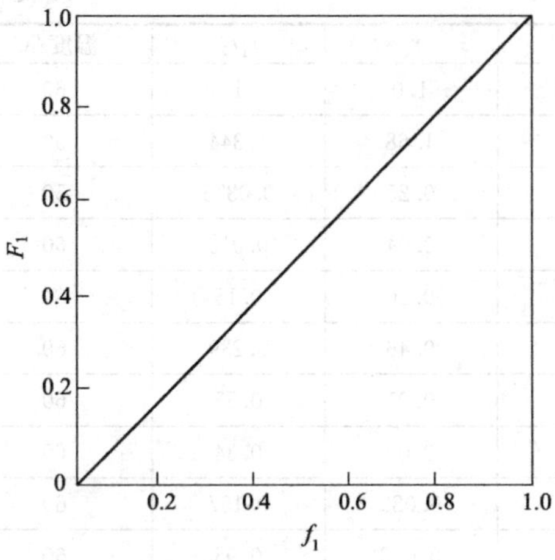

图 2-7 恒比共聚组成曲线

($r_1=r_2=1$)

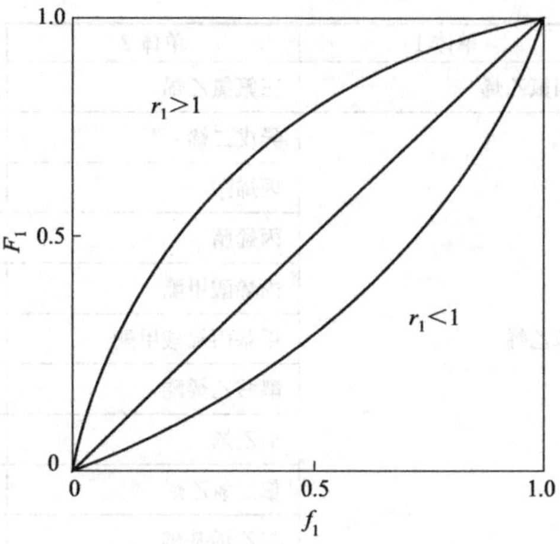

图 2-8 理想共聚组成曲线

($r_1r_2=1$)

(2) 一般理想共聚（$r_1r_2=1$ 或 $r_2=1/r_1$）

发生理想共聚时，$k_{11}/k_{12}=k_{21}/k_{22}$，表明在某一瞬间共聚物的组成与该瞬间单体的配料比成正比，比例系数为 r_1，这种关系的共聚称为理想共聚。共聚组成方程变为 $F_1=\dfrac{r_1f_1}{r_1f_1+f_2}$，两单体单元在共聚物链中排列是随机的，故共聚物结构是无规的。

共聚物组成曲线随 r_1 值的不同而变化，如图 2-8 所示。这类 F_1-f_1 曲线的特征是 F_1-f_1 曲线随 r_1 的不同而不同程度地偏离对角线，并且曲线是对称的，若 $r_1>1$，F_1-f_1 曲线在对角线的上方，若 $r_1<1$，则在对角线的下方。例如 60℃下丁二烯（$r_1=1.39$）与苯乙烯（$r_2=0.78$）共聚及离子型共聚均属于这一类。

2. 交替共聚（$r_1r_2=0$）

(1) $r_1=r_2=0$（$r_1\to0$，$r_2\to0$）

此条件是交替共聚的极端情况，此时，$k_{11}=0$，$k_{12}\neq0$，$k_{22}=0$，$k_{21}\neq0$，表明两种单体都不会发生均聚，而只能共聚，在共聚物中两种单体单元严格交替排列。这时，共聚物组成方程变为 $F_1=0.5$，说明不管单体配料比如何变化，共聚物的组成始终保持不变，也就是说在共聚物组成中，两种单体单元的比例都为 1∶1。共聚物组成曲线是 $F_1=0.5$ 的一条水平直线，如图 2-9 所示。例如 120℃下顺丁烯二酸酐（$r_1=0$）与醋酸-2-氯烯丙基酯（$r_2=0$）的共聚就是典型的交替共聚。

(2) $r_1\neq0$（$r_1\to0$），$r_2=0$

此时，$k_{11}\neq0$，$k_{12}\neq0$，$k_{22}=0$，$k_{21}\neq0$，表明单体 M_2 不能自聚，只能与 M_1 共聚。这时，共聚物组成方程为：

$$F_1=\frac{r_1f_1+f_2}{r_1f_1+2f_2}$$

当 M_2 过量很多，即 f_1 比较小，且 $r_1\to0$ 时，则 r_1f_1 值很小，可忽略，则上式可简化成 $F_1\approx0.5$，表明此时共聚合反应接近形成交替共聚物。若单体 M_1 和 M_2 的量相差不多时，则

$F_1>0.5$，共聚物组成曲线随 f_1 增大而上翘，如图 2-10 所示。例如 60℃下苯乙烯（$r_1=0.01$）与顺丁烯二酸酐（$r_2=0$）的共聚就属于这种类型。

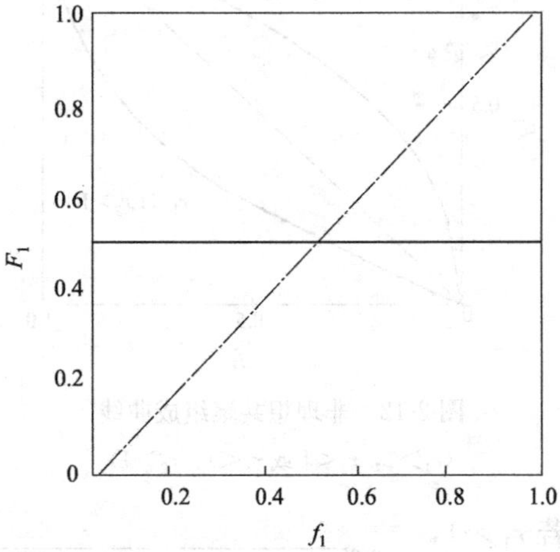

图 2-9　交替共聚组成曲线

（$r_1=r_2=0$）

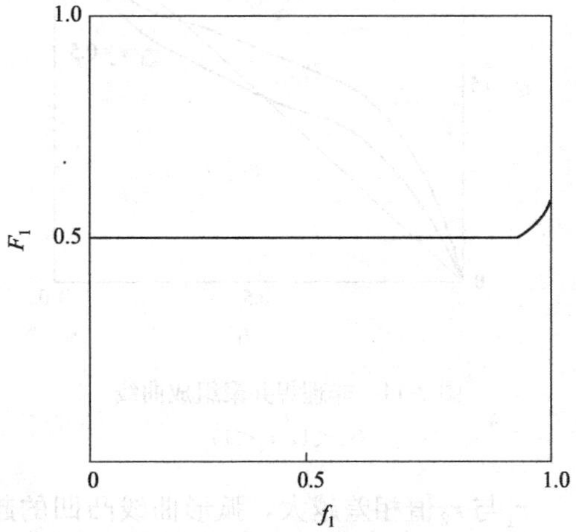

图 2-10　交替共聚组成曲线

（$r_1\neq0$，$r_2=0$）

3. 非理想共聚（$r_1r_2<1$）

非理想共聚是介于交替共聚与理想共聚之间的共聚反应，分以下两种情况。

（1）有恒比点的非理想共聚（$r_1<1$，$r_2<1$）

此时，$k_{11}<k_{12}$，$k_{22}<k_{21}$，表明两种单体的均聚能力均小于共聚能力。在共聚物中不同单体单元相互连接的概率大于相同单体单元连接的概率，得到的是无规共聚物。这时，共聚物曲线为"S"曲线，且与对角线相交，交点处共聚物的组成与单体组成相同，称为"恒比点"。

如图 2-11 所示。恒比点 $F_1=f_1=\dfrac{1-r_2}{2-r_1-r_2}$，但恒比点的位置将随竞聚率值发生变化，当 $r_1<r_2$时，恒比点在大于 0.5 处；当 $r_1>r_2$时，恒比点在小于 0.5 处；当 $r_1=r_2$时，恒比点在等于 0.5 处。例如 75℃下丙烯腈（$r_1=0.83$）与丙烯酸甲酯（$r_2=0.84$）的共聚，60℃下苯乙烯（$r_1=0.40$）与丙烯腈（$r_2=0.04$）的共聚等。

（2）无恒比点的非理想共聚

① $r_1>1$，$r_2<1$　此时，$k_{11}>k_{12}$，$k_{22}<k_{21}$，表明单体 M_1 的活性较 M_2 大，在共聚物中 M_1 单体单元含量相对较高，产物是以 M_1 单体链节为主的嵌入 M_2 单体链节的嵌段共聚物。这时，共聚物组成曲线不与对角线相交，在对角线的上方呈不对称凸形曲线，如图 2-12 所示。例如 60℃下丙烯腈（$r_1=2.7$）与氯乙烯（$r_2=0.04$）的共聚。

② $r_1<1$，$r_2>1$　此时，$k_{11}<k_{12}$，$k_{22}>k_{21}$，情况与上述正好相反，说明单体 M_2 的活性较 M_1 大，在共聚物中，M_2 单体单元含量相对较高，产物是以 M_2 单体链节为主的嵌入 M_1 单体链节的嵌段共聚物。共聚物组成曲线也不与对角线相交，在对角线的下方呈不对称凹形曲线，如图 2-12 所示。例如 50℃下氯乙烯（$r_1=0.12$）与丙烯酸甲酯（$r_2=4.4$）的共聚。

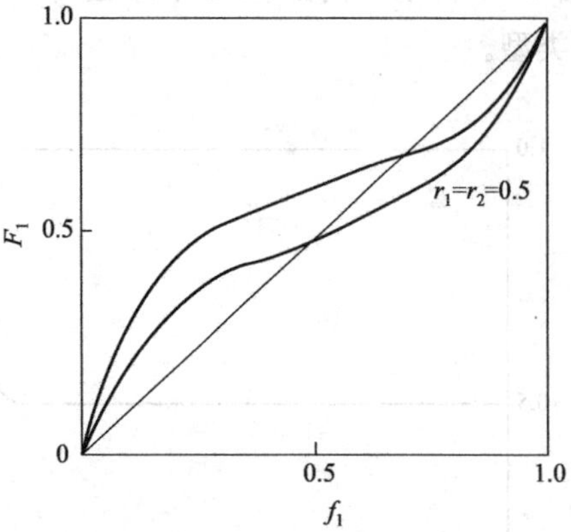

图 2-11 非理想共聚组成曲线

(r_1<1，r_2<1)

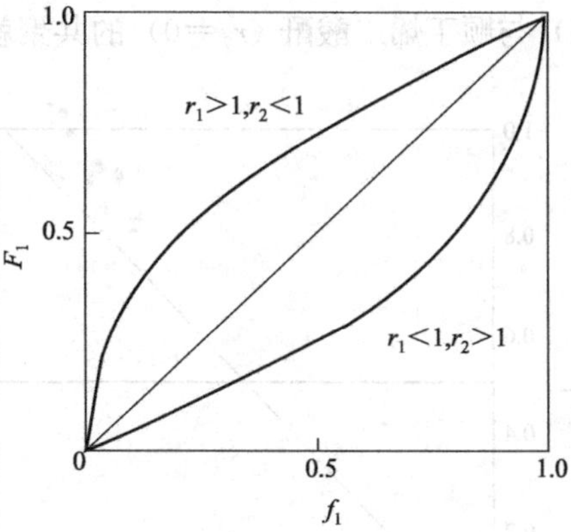

图 2-12 非理想共聚组成曲线

(r_1>1，r_2<1 或 r_1<1，r_2>1)

r_1与r_2值相差越大，弧形曲线凸凹的越大，若$r_1 \gg 1$，$r_2 \ll 1$，说明两种单体活性相差很大，此时，实际上很难完成共聚。例如苯乙烯（r_1＝55)-醋酸乙烯酯（r_2＝0.01）共聚，由于两单体活性差很大，聚合前期，主要生成含有少量醋酸乙烯酯单元的聚苯乙烯，聚合后期，产物则是接近于纯的聚醋酸乙烯酯，共聚的结果，几乎是两种均聚物的混合物。

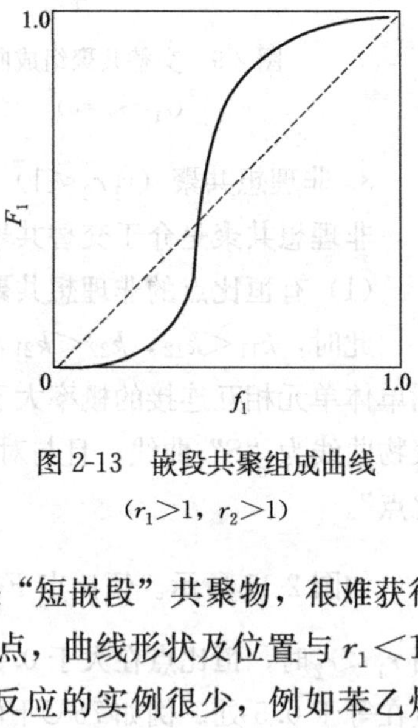

图 2-13 嵌段共聚组成曲线

(r_1>1，r_2>1)

4. 嵌段共聚（r_1>1，r_2>1）

此时，$k_{11}>k_{12}$，$k_{22}>k_{21}$，表明两种单体都倾向于均聚，则产物有可能形成嵌段共聚物。这种情形极少见于自由基聚合，多见于离子或配位共聚合。并且两种单元嵌段链长取决于r_1和r_2值的大小，但都不可能太长，所得到的是“短嵌段”共聚物，很难获得具有实际应用价值的聚合物。这时，共聚物组成曲线有恒比点，曲线形状及位置与r_1<1，r_2<1相反，呈正“S”形，如图 2-13 所示。属于这类共聚反应的实例很少，例如苯乙烯（r_1＝0.38）与异戊二烯（r_2＝2.05）自由基共聚。

五、共聚物组成的控制

共聚物组成在共聚反应中是一个重要问题，关系到聚合物产品性能，是工业生产中主要的控制指标。由共聚物组成方程分析可知，除恒比共聚和交替共聚外，随着聚合反应的进行，由于两种单体的聚合反应速率不同，共聚物组成将随转化率的增大而改变。共聚物的性能很大程度上取决于共聚物的组成及其分布，应用上往往希望共聚产物的组成分布尽可能窄，因此在合成时，不仅需要控制共聚物的组成，还必须控制组成分布。

在已选定单体对的条件下，为获得共聚物组成分布均一，常采用以下几种投料。

1. 严格控制单体配料比

对于有恒比点的共聚体系，如苯乙烯（r_1＝0.53)-甲基丙烯酸甲酯（r_2＝0.56），苯乙烯（r_1＝0.4)-反丁二烯二乙酯（r_2＝0.04）等，若配料比在恒比点，组成不随转化率变化，可以得到组成均一的共聚物。或者，配料比在恒比点附近，若转化率不超过 90%，共聚物组成也比较均一。因此，通过严格控制单体的配料比，在恒比点附近的一次投料，可以得到理想的组成均一的共聚物。

【实例 2-3】 生产丙烯腈-苯乙烯共聚物，投料比为 $m_1 : m_2 = 24 : 76$（质量比），已知共聚体系的 $r_1=0.04$，$r_2=0.40$。求：(1) 所合成的共聚物组成 $F_2=?$ (2) 为了合成组成均一的共聚物，应采用怎样的投料方法？($M_1=53$，$M_2=104$)

解：(1) 该共聚体系属于 $r_1<1$，$r_2<1$，有恒比点的非理想共聚体系。

$$F_1=f_1=\frac{1-r_2}{2-r_1-r_2}=\frac{1-0.4}{2-0.4-0.04}=0.385$$

$$f_1=\frac{\frac{24}{53}}{\frac{24}{53}+\frac{76}{104}}=0.382 \qquad f_2=1-f_1=0.618$$

$$F_1=\frac{r_1 f_1^2+f_1 f_2}{r_1 f_1^2+2f_1 f_2+r_2 f_2^2}=\frac{0.04\times0.382^2+0.382\times0.618}{0.04\times0.382^2+2\times0.382\times0.618+0.4\times0.618^2}=0.384$$

$$F_2=1-0.384=0.616$$

(2) 根据计算结果，所要合成的共聚物组成与恒比点的组成十分接近，因此，可采用一次投料法，并在高转化率下停止反应，就可制得组成均一的共聚物。

2. 严格控制转化率

对共聚物组成与转化率关系曲线比较平坦的体系，如图 2-14 所示为苯乙烯 ($r_1=0.30$)-反丁烯二酸二乙酯 ($r_2=0.07$) 瞬时共聚物组成与转化率的关系曲线。在曲线较平坦的部分对应的转化率下终止反应，便可得到组成均一的共聚物。从图中可见，曲线 6 投料组成在恒比点进行的共聚反应，共聚物组成不随转化率而变化；曲线 3、4 投料组成在恒比点附近，即使在较高转化率下 (90%)，共聚物组成变化也不大；曲线 1、5 投料组成偏离恒比点较远，共聚物组成随转化率增高变化程度较大，此时很难通过控制转化率方法获得组成均一的共聚物，需采用下述方法。

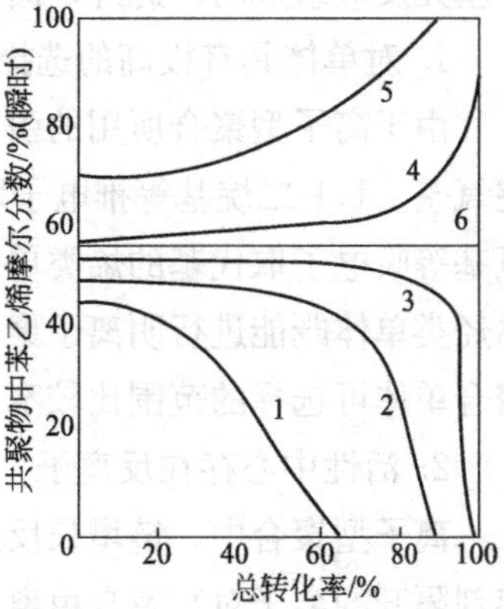

图 2-14 苯乙烯 ($r_1=0.30$)-反丁烯二酸二乙酯 ($r_2=0.07$) 瞬时共聚物组成与转化率的关系

曲线上代表 f_1 值：1—0.20，2—0.40，3—0.50，4—0.60，5—0.80，6—0.57

3. 补加活泼单体法

对于共聚物组成随转化率变化较大的体系，为获得组成比较均一的共聚物，则需保持共聚体系中原料单体浓度不变，由于共聚时活性较大的单体先消耗，因此在聚合过程中可陆续连续或分段补加活性较大的单体，以保持体系中单体组成基本恒定。

如果将控制转化率和补加单体两种方法结合使用，则效果更好。先将起始组成为 f_1 的原料单体聚合至一定转化率，然后补加部分单体，使单体组成恢复至 f_1。再进行聚合，到一定转化率时再补加单体。如此反复进行，直至活性较小的单体全部消耗完，即可得到组成均一的共聚物。

任务三 阳离子型聚合反应

【任务介绍】

请为聚异丁烯的生产工艺选择合适的引发剂，并且用其聚合机理的特征来说明如何控制产物的相对分子质量。

【任务分析】

通过学习阳离子型聚合的反应机理，理解其与自由基聚合反应的不同，利用其机理特征分析生产工艺参数的控制方法。

【相关知识】

离子型聚合反应属于连锁聚合反应，活性中心为离子或离子对。根据活性中心所带电荷的不同，又可分为阳离子型、阴离子型和配位聚合。

一、离子型聚合反应的特征

离子型聚合反应具有一般连锁聚合反应的基本特征，也是由链引发、链增长、链终止三个基元反应组成的。此外，离子型聚合反应还具有以下几个特征。

1. 对单体具有极高的选择性

由于离子型聚合所用的引发剂都带有部分电荷，因而对单体的双键有一定的要求。带有烷氧基、1,1-二烷基等推电子取代基的烯类单体倾向于进行阳离子聚合，带有羰基、卤基、氰基等吸电子取代基的烯类单体则易于进行阴离子聚合，而带有共轭结构的单烯烃及共轭二烯烃类单体既能进行阴离子聚合又能进行阳离子聚合，也可以进行自由基聚合。由于离子型聚合单体可选择的范围比较窄，目前已工业化生产的聚合品种与自由基聚合相比要少得多。

2. 活性中心存在反离子

离子型聚合中，链增长反应活性链端总带有反离子，并以紧密离子对、疏松离子对（被溶剂隔开的离子对）及自由离子形式存在，且彼此处于平衡之中。

在阳离子聚合反应中：

$$\sim\overset{+}{C}\overset{-}{B} \rightleftharpoons \sim\overset{+}{C}\,\|\,\overset{-}{B} \rightleftharpoons \sim C^{+} + B^{-}$$

（紧密离子对） （被溶剂隔开的离子对） （自由离子）

在阴离子聚合反应中：

$$\sim\overset{-}{C}\overset{+}{B} \rightleftharpoons \sim\overset{-}{C}\,\|\,\overset{+}{B} \rightleftharpoons \sim C^{-} + B^{+}$$

（紧密离子对） （被溶剂隔开的离子对） （自由离子）

不同的离子对对聚合速率与产物的立构规整性影响不同，其中聚合速率的顺序为自由离子＞疏松离子对＞紧密离子对，对产物的立构规整性影响正好相反，以紧密离子对、疏松离子对方式进行链增长反应时，常可得到立构规整性产物，以自由离子方式增长时，常得到无规立构高聚物。离子对存在形式不但取决于反离子的性质，还与溶剂的性质及聚合温度等聚合条件有直接关系。

3. 链引发反应活化能低，聚合速率快

离子型聚合反应的引发活化能比自由基聚合反应低，引发速率很快，一般需要在低温（0℃以下）和适当的溶剂中进行。低温聚合有利于减慢聚合速率，易于控制聚合反应的进行，防止链转移，易于获得较高相对分子质量的聚合产物。如苯乙烯的阴离子聚合在－70℃于四氢呋喃中进行；异丁烯的阳离子聚合反应在－100℃进行。

4. 不存在偶合终止

离子型聚合中增长链的末端带有同性电荷，因此，不能发生活性链的偶合终止，只能通过与杂质或人为加入的终止剂（水、醇、酸、胺等）发生链转移而进行单基终止反应。

5. 聚合条件苛刻

离子型聚合反应对环境的要求十分苛刻，微量的杂质如空气、水、酸、醇等都是离子型聚合的阻聚剂，都将阻止聚合反应进行，因此，对反应介质的性质要求高，且聚合反应的重现性差。不仅影响了聚合机理的理论研究，也限制了离子型聚合在工业上的应用。一般凡是能用自由基聚合的单体，不采用离子型聚合制备聚合物。

需要说明的是，配位聚合反应也属于离子型聚合反应的一种，只不过是所用的引发剂具有特殊的定位作用，形成的活性中心为配位阴离子，单体采用定向吸附、定向插入；而开环聚合多数也属于离子型聚合反应，但究竟是阴离子型还是阳离子型取决于引发剂的类型。

目前，在工业上利用离子型聚合反应（阴离子、阳离子、配位离子及开环聚合）已经生产了许多性能优良的聚合物，如高密度聚乙烯、等规聚丙烯、顺丁橡胶、异戊橡胶、丁基橡胶、聚甲醛、聚环氧乙烷等。离子型聚合具有较强的控制大分子链结构的能力，通过阴离子聚合反应可获得“活性高聚物”，也能有目的地进行分子设计合成具有预想结构和性能的聚合物，如遥爪高聚物、嵌段高聚物等。

二、阳离子聚合反应及应用

以碳阳离子为反应活性中心进行的离子型聚合反应称为阳离子型聚合反应。阳离子型聚合反应通式可表示为：

$$A^{+}B^{-}+M \longrightarrow AM^{+}B^{-} \cdots\cdots \xrightarrow{M} AM_{n}^{+}B^{-}$$

式中　A^{+}——阳离子活性中心，碳阳离子或氧镓离子；

　　　B^{-}——反离子。

由于碳阳离子活性很高，易发生与碱性物质的结合、转移、异构化等副反应，因此很难获得高相对分子质量的聚合物。并且其引发过程十分复杂，至今对阳离子聚合的认识还不够深入。虽然理论上可以进行阳离子聚合的单体达百种，但实际工业化的典型产品只有聚异丁烯和丁基橡胶，丁基橡胶是含95.5%～98.5%（质量）异丁烯和1.5%～4.5%（质量）异戊二烯的共聚物。

三、阳离子聚合反应的单体

阳离子聚合的单体必须是具有利于形成阳离子的亲核性烯类单体，主要有三类。带有强推电子取代基的单烯烃，如异丁烯、乙烯基醚等；具有共轭效应的双烯烃，如苯乙烯、丁二烯、异戊二烯等；环氧化合物，如四氢呋喃、环氧乙烷、环硅氧烷等。

推电子基可使烯烃双键电子云密度增加，有利于阳离子活性种的进攻；碳阳离子形成后，由于推电子基团的存在，使碳上电子云稀少的情况有所改变，碳阳离子的稳定性增加。

丙烯和丁烯上的甲基和乙基都是推电子基，从理论上讲都能阳离子聚合，但是一个烷基和两个烷基的推电子能力较弱，聚合增长速率并不快，生成的二级碳阳离子（伯碳和仲碳离子）不稳定，容易发生重排，形成更稳定的三级碳阳离子（叔碳离子），因此，丙烯、丁烯经阳离子聚合只能得到低分子油状物。更高级的 α-烯烃，如 2,4,4-三甲基-1-戊烯，则由于空间位阻太大，聚合时只能得到二聚体。

异丁烯上的两个甲基使碳碳双键电子云密度增加很多，易与质子亲和，所生成的叔碳阳离子较稳定；且聚合物大分子链中亚甲基上的氢受到两端四个甲基的保护，不易被夺取，减少了重排、支化等副反应，因此可得到相对分子质量很高的线型聚合物。异丁烯也是唯一能进行阳离子聚合的 α-烯烃，并且异丁烯也只有通过阳离子聚合才能制得聚合物。

烷基乙烯基醚从诱导效应看，烷氧基使双键电子云密度降低，氧的电负性较大，但烷氧基上的氧原子带有未共用电子，对与碳碳双键形成 p-π 共轭，使双键电子云密度增加，有利于质子进攻；一般情况下，共轭效应占主导地位。同时烷氧基的共轭结构使生成的碳阳离子上的正电荷分散而稳定，因此综合结果烷基乙烯醚只适宜阳离子聚合。

具有共轭效应的双烯烃单体，一般既可以阳离子聚合，又可以阴离子聚合。但这类单体活性较低，工业上很少通过阳离子聚合生产聚合物。

具有杂原子的不饱和化合物和环状化合物，由于 O、N、S 等杂原子存在，单体易诱导极化，既能阳离子聚合，又能阴离子聚合。

四、阳离子聚合反应的引发体系及引发作用

阳离子聚合反应的引发剂通常是缺电子的亲电试剂，即电子接受体。阳离子聚合的引发方式通常有两种，一是由引发剂生成阳离子，引发单体生成碳阳离子；二是电荷转移引发，即引发剂和单体先形成电荷转移络合物而后引发，后者常称为“引发体系”。主要有以下几种形式。

1. 质子酸引发

常用的质子酸有无机强酸如 H_2SO_4、H_3PO_4、$HClO_4$ 及有机强酸 CF_3COOH、CCl_3COOH 等，这类酸（常用 HA 表示）的共同特点是在溶液中可离解产生质子氢 H^+，形成碳阳离子活性种，引发阳离子聚合，可用下式表示：

$$HA \rightleftharpoons H^+A^-$$

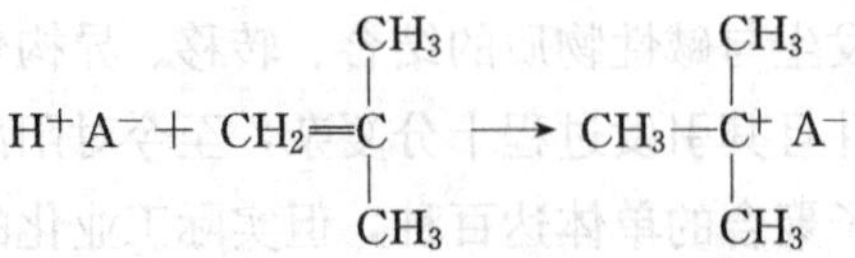

质子酸的引发活性取决于它提供质子的能力和反离子的稳定性。首先要有足够的强度以产生 H^+，同时酸根阴离子（反离子）的亲核性不能过强。否则，易与阳离子活性中心结合形成共价键，导致链终止。

氢卤酸如 HI、HBr、HCl 等强质子酸，由于反离子的亲核性太强，在非极性溶剂中引发烯烃聚合时，不能作为阳离子聚合引发剂，只能得到低聚物，作汽油、柴油或润滑油使用。

含氧酸 $HClO_4$、CF_3COOH、CCl_3COOH 等的酸根较弱，不易使活性链终止，因而可以得到较高相对分子质量的聚合物。

2. Lewis 酸引发

常用的有 $AlCl_3$、BF_3、$SnCl_4$、$ZnCl_2$、$TiBr_4$ 等，是各种金属卤化物，都是电子的接受体，称 Lewis 酸，是最常见的阳离子聚合引发剂。

Lewis 酸作阳离子聚合的引发剂时，除少数能单独引发外，绝大多数都需要在提供质子或碳阳离子的物质共同存在才能引发，这类物质被称为共引发剂，常用的共引发剂有以下两类。

(1) 能提供质子（H^+）的物质

常见的有 H_2O、ROH、$RCOOH$ 等，无水 BF_3 不能引发无水异丁烯的聚合，加入适量水，聚合反应立即发生，其引发过程可表示如下：

$$BF_3 + H_2O \Longrightarrow H^+(BF_3OH)^-$$

$$CH_2{=}\underset{\underset{CH_3}{|}}{\overset{\overset{CH_3}{|}}{C}} + H^+(BF_3OH)^- \longrightarrow CH_3{-}\underset{\underset{CH_3}{|}}{\overset{\overset{CH_3}{|}}{C^+}}(BF_3OH)^-$$

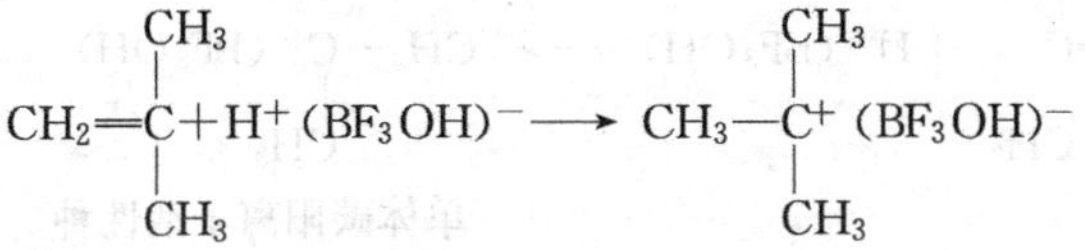

(2) 能提供碳阳离子（C^+）的物质

常见的有 RX、$RCOX$、$(RCO)_2O$ 等，其引发过程可表示如下：

$$SnCl_4 + RX \Longrightarrow R^+(SnCl_5)^-$$

$$CH_2{=}\underset{\underset{CH_3}{|}}{\overset{\overset{CH_3}{|}}{C}} + R^+(SnCl_5)^- \longrightarrow R{-}CH_2{-}\underset{\underset{CH_3}{|}}{\overset{\overset{CH_3}{|}}{C^+}}(SnCl_5)^-$$

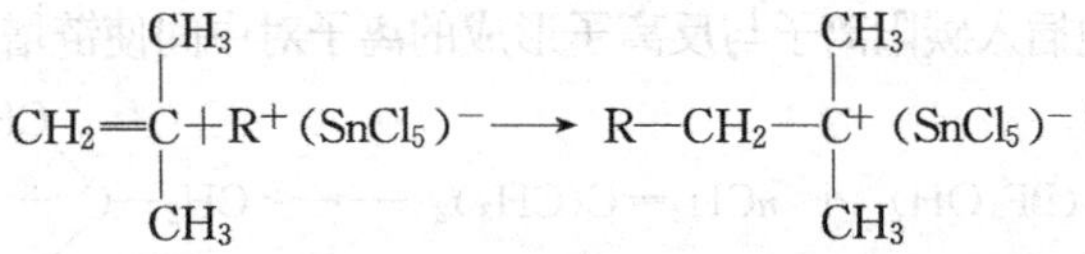

这类引发体系的引发活性取决于引发剂接受电子的能力及引发剂与共引发剂的不同组合。主引发剂的活性与接受电子的能力，即酸性的强弱有关，一般活性顺序为 $BF_3 > AlCl_3 > TiCl_4 > BrCl_4 > BCl_3 > SnCl_4$，而共引发剂的活性主要随主引发剂的不同而变化。如异丁烯的聚合，若以 BF_3 为引发剂，共引发剂的活性顺序是 $H_2O > CH_3COOH > CH_3OH$。

在大多数情况下，引发剂和共引发剂的用量有一最佳配比，在此配比下，聚合速率最快、产物相对分子质量最高。尤其是作为引发剂的质子给体如水、醇及酸等的用量必须严格控制，否则将会使聚合变慢，产物相对分子质量下降。

例如在上边的例子中，若采用过量的共引发剂，即水过量。因为水是链转移剂，很易使链终止，导致产物相对分子质量降低。

$$\sim CH_2{-}\underset{\underset{CH_3}{|}}{\overset{\overset{CH_3}{|}}{C^+}}(BF_3OH)^- + H_2O \longrightarrow \sim CH_2{-}\underset{\underset{CH_3}{|}}{\overset{\overset{CH_3}{|}}{C}}{-}OH + H^+(BF_3OH)^-$$

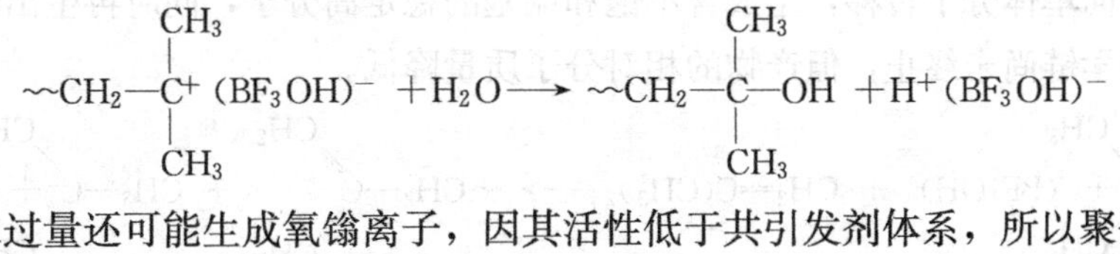

此外，水过量还可能生成氧鎓离子，因其活性低于共引发剂体系，所以聚合速率下降。

$$BF_3 + H_2O \longrightarrow H^+(BF_3OH)^- \xrightarrow{\ H_2O\ } (H_3O)^+(BF_3OH)^-$$

3. 其他物质引发

其他常用的能产生阳离子的物质有碘、氧鎓离子、高氯酸盐，如 $CH_2CO^+(ClO_4)^-$、

$C_7H_7{}^+SbCl_6{}^-$ 及电离辐射等。这类引发剂的活性较低，只能引发高活性单体聚合；辐射能产生阳离子引发聚合，并且没有反离子。

五、阳离子聚合反应机理

阳离子聚合反应机理也是由链引发、链增长、链终止及链转移等基元反应组成的，但各步反应速率与自由基聚合中有所不同。

以异丁烯为单体，BF_3-H_2O 为引发体系，聚合反应机理如下。

1. 链引发

链引发反应分两步来完成。

第一步，主引发剂与共引发剂相互作用形成碳阳离子活性中心，与反离子形成离子对：

$$BF_3 + H_2O \rightleftharpoons H^+(BF_3OH)^-$$

第二步，碳阳离子活性中心与单体双键加成形成单体碳阳离子活性种：

$$CH_2{=}C(CH_3)_2 + H^+(BF_3OH)^- \longrightarrow CH_3{-}C^+(CH_3)_2 (BF_3OH)^-$$

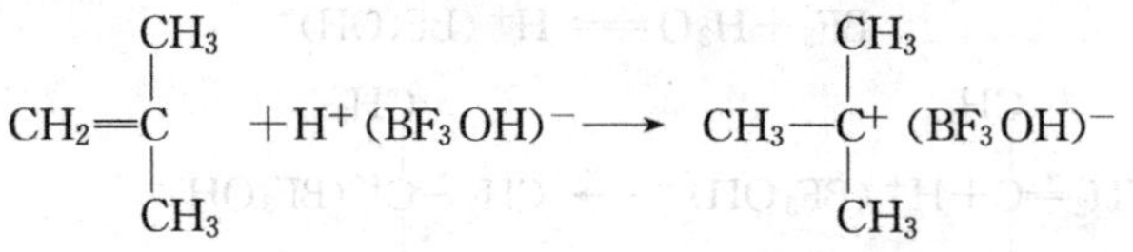

单体碳阳离子活性种

由于阳离子聚合链引发的活化能低，因此，与自由基聚合引发相比，阳离子聚合引发速率极快。

2. 链增长

单体分子连续不断地插入碳阳离子与反离子形成的离子对中间使链增长，可写成如下反应：

$$CH_3{-}C^+(CH_3)_2 (BF_3OH)^- + nCH_2{=}C(CH_3)_2 \longrightarrow {\sim}CH_2{-}C^+(CH_3)_2 (BF_3OH)^-$$

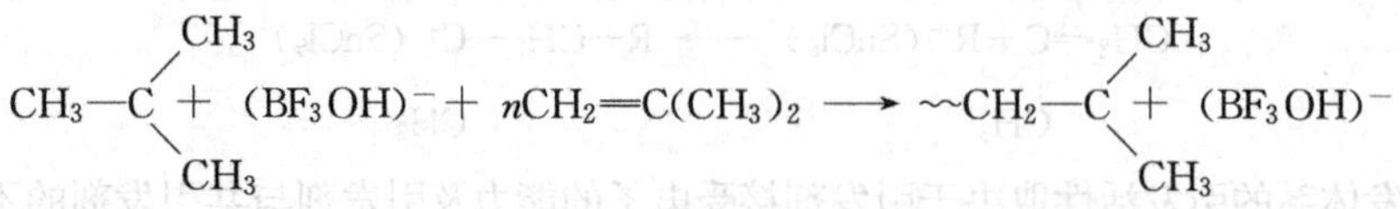

链增长反应是离子与分子间的反应，与引发活化能一样低，速率快；增长活性中心是离子对，其结合的紧密程度和存在形式直接影响聚合速率及相对分子质量；单体按"头-尾"结构插入离子对聚合，对大分子的链节构型有一定的控制能力；常伴有分子内重排反应，使碳阳离子更趋稳定。

3. 链终止

阳离子聚合的增长活性中心带有相同的正电荷，不能双基终止，只能发生链转移终止或单基终止，这一点与自由基聚合显著不同。

（1）向单体转移终止

活性中心向单体分子转移，生成含不饱和端基的稳定高分子，同时再生出能引发的离子对，虽然动力学链尚未终止，但产物的相对分子质量降低。

$${\sim}CH_2{-}C^+(CH_3)_2 (BF_3OH)^- + CH_2{=}C(CH_3)_2 \longrightarrow {\sim}CH_2{-}C(CH_3){=}CH_2 + CH_3{-}C^+(CH_3)_2 (BF_3OH)^-$$

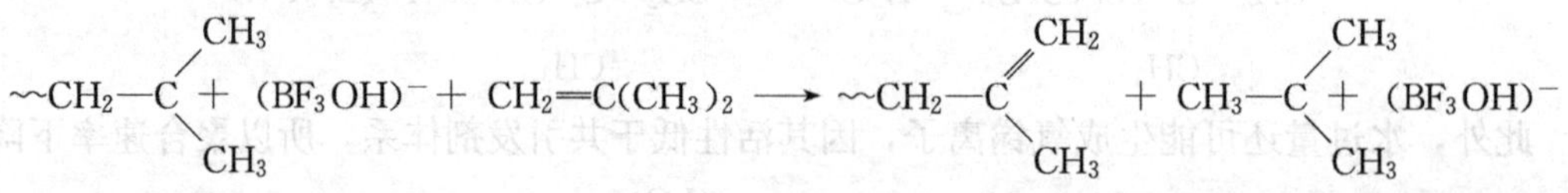

在阳离子聚合中，向单体转移常数很大，极易发生向单体转移反应，因此向单体转移也是阳离子聚合中最主要的链终止方式之一，是控制产物相对分子质量的重要因素，这也是阳离子聚合反应必须在很低的温度下进行的原因，不仅可以使反应减速，防止放热集中而产生

爆聚，又可以减少向单体转移而降低高聚物的相对分子质量。

（2）向反离子转移终止

向反离子转移终止使增长链重排导致活性链终止形成聚合物，同时再生出引发剂-共引发剂络合物。其实质也可以看成是以质子形式向反离子转移，因此，这种方式也称自发终止。但自发终止比向单体转移或溶剂转移终止要慢得多。

$$\sim CH_2-\overset{CH_3}{\underset{CH_3}{\overset{|}{\underset{|}{C^+}}}} \ (BF_3OH)^- \longrightarrow \sim CH_2-\overset{CH_3}{\underset{}{\overset{|}{C}}}=CH_2 \ + \ H^+ (BF_3OH)^-$$

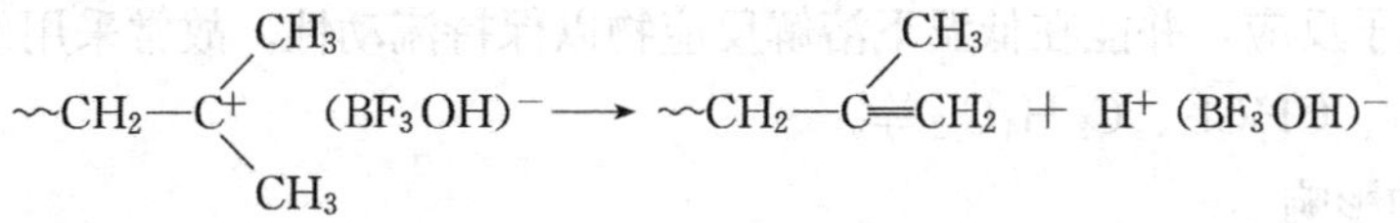

（3）向链转移剂或终止剂转移

阳离子聚合中，向链转移剂或外加终止剂转移使聚合反应终止，是实际生产中用来调节产物相对分子质量的主要手段。若以 XB 代表链转移剂或终止剂转移，则有：

$$\sim CH_2-\overset{CH_3}{\underset{CH_3}{\overset{|}{\underset{|}{C^+}}}} \ (BF_3OH)^- +XB \longrightarrow \sim CH_2-\overset{CH_3}{\underset{CH_3}{\overset{|}{\underset{|}{C}}}}-B \ +X^+(BF_3OH)^-$$

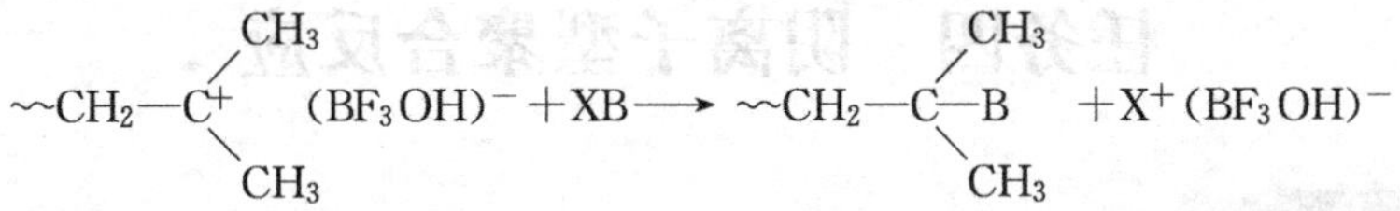

常用的链转移剂有水、醇、酸、酸酐、醚、酯及胺等。但此时动力学链能否终止，取决于生成的离子对是否还具有引发活性，通常，除了碳阳离子外，硫、氧阳离子活性都比较低，实际上动力学链已经终止。

（4）与反离子加成终止

当阳离子聚合中的反离子亲核性足够强时，活性链将与碳阳离子共价结合形成共价键而终止。如三氟乙酸引发苯乙烯聚合，就会发生这种情况：

$$\sim CH_2-\overset{+}{CH}(CF_3COO)^- \longrightarrow \sim CH_2-CH-O-\overset{}{\underset{O}{\overset{}{C}}}-CF_3$$

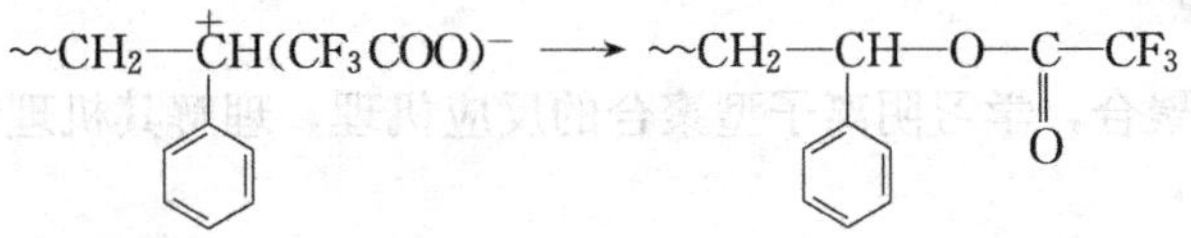

（5）与反离子中的阴离子部分加成终止

阳离子聚合中，增长的活性链也会与反离子中一部分阴离子碎片结合终止：

$$\sim CH_2-\overset{CH_3}{\underset{CH_3}{\overset{|}{\underset{|}{C^+}}}} (BF_3OH)^- \longrightarrow \sim CH_2-\overset{CH_3}{\underset{CH_3}{\overset{|}{\underset{|}{C}}}}-OH \ +BF_3$$

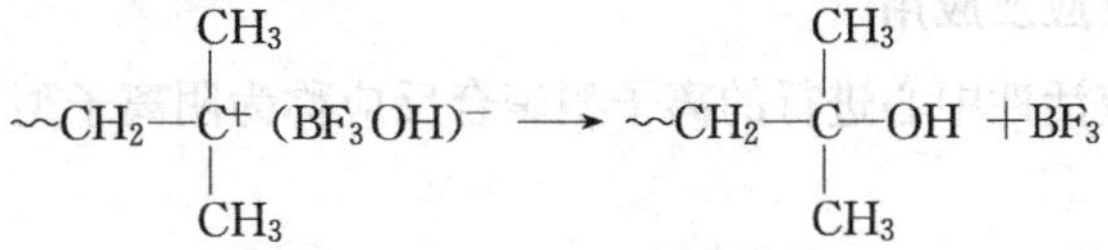

实际上，在阳离子聚合真正动力学链终止反应很难实现，有"难终止"之称，但还未达到完全无终止的程度。综上所述，阳离子聚合的机理特征可归纳为快引发、快增长、易转移、难终止。

六、阳离子聚合反应的影响因素

1. 聚合温度的影响

阳离子聚合中，聚合温度主要影响聚合反应速率和聚合度。从聚合反应的活化能看，无论是引发、增长还是终止反应的活化能都很低，会出现聚合温度降低、聚合速率反而增加的现象。但阳离子聚合活化能相比自由基而言要小得多，因此，温度对阳离子聚合速率的影响较小。

但温度对阳离子聚合产物聚合度的影响就比较复杂，且在不同的温度范围内影响不同，如异丁烯在二氯乙烷溶液中采用 $AlCl_3$ 作引发剂时，在低于 $-100℃$ 时主要是向单体进行链转移，而高于$-100^{\circ}C$主要发生向溶剂链转移。但总的变化趋势是聚合温度升高，聚合度下降。因此，阳离子聚合通常都是在较低温度下进行。

2. 溶剂的影响

阳离子聚合中，活性中心离子始终有反离子存在，随着溶剂的极性和溶剂化作用的增大，有利于疏松离子对和自由离子对的形成，使聚合速率和聚合度都增大。但同时也要求溶剂不能与中心离子反应，并能在低温下溶解反应物以保持流动性。故常采用低极性卤代烷作为溶剂，如CCl_4、$CHCl_3$、$C_2H_4Cl_2$等。

3. 反离子的影响

若反离子的亲核性较强时，很易与碳阳离子结合，使链终止；反离子的体积越大，形成的离子对越疏松，聚合速率越大。

任务四　阴离子型聚合反应

【任务介绍】

某生产企业欲利用阴离子聚合的机理生产苯乙烯-丁二烯嵌段共聚物，请为该生产工艺选择合适的引发剂，并且用其聚合机理的特征来说明如何控制产物的相对分子质量。

【任务分析】

通过对比阳离子聚合，学习阴离子型聚合的反应机理，理解其机理特征，分析生产工艺参数的控制方法。

【相关知识】

一、阴离子聚合反应及应用

以碳阴离子为反应活性中心进行的离子型聚合反应称为阴离子型聚合反应。阴离子型聚合反应通式可表示为：

$$A^+B^- + M \longrightarrow BM^-A^+ \cdots\cdots \xrightarrow{M} BM_n^-A^+$$

式中　B^-——阴离子活性中心，碳阴离子；

A^+——反离子。

与阳离子聚合不同，阴离子聚合中，活性中心可以是自由离子、离子对，甚至是处于缔合状态的阴离子。阴离子聚合对温度不像阳离子聚合那么敏感，可以在较高温度（高于室温）下进行，溶剂多为烷烃、芳烃或醚类。且阴离子聚合由于具有活性无终止的特点，可以制备如苯乙烯-丁二烯（SB）及苯乙烯-丁二烯-苯乙烯（SBS）等嵌段共聚物。因此，在实际应用上比阳离子聚合多。

二、阴离子聚合反应的单体

阴离子聚合的单体必须含有能使链增长活性中心稳定化的吸电子基团，主要有三类：带有吸电子取代基的乙烯基单体，如烯烃、共轭二烯烃、丙烯腈、丙烯酸酯类等；羰基化合物，如醛类；含有氧、氮、硫等杂原子的环状化合物，如己内酰胺、环氧乙烷等。

理论上，具有吸电子取代基的烯类单体都能进行阴离子聚合，吸电子基会降低双键上的电子云密度，以利于阴离子进攻。同时，碳阴离子形成后，吸电子基团的诱导和共轭效应存在，电子云密度分散稳定，使碳阴离子的稳定性增加。

但事实上，能否聚合主要取决于是否具有 π-π 共轭体系和吸电子能力强弱两个因素。如丙烯腈、硝基乙烯、甲基丙烯酸酯等，分子中既有吸电子基团，又具有 π-π 共轭结构，这类单体很容易进行阴离子聚合；如苯乙烯、丁二烯、异戊二烯等单体分子中虽无吸电子基团，但存在 π-π 共轭结构，也能进行阴离子聚合；如氯乙烯、醋酸乙烯酯等单体，虽具有吸电子取代基单体，但由于存在 p-π 给电子共轭效应，减弱了吸电子效应对双键电子云密度的降低程度，因而不易受阴离子的进攻，则不能进行阴离子聚合。

三、阴离子聚合反应的引发体系及引发作用

阴离子聚合的引发剂是提供电子的亲核试剂，即电子供给体，属于碱性物质。按引发机理，主要有电子转移引发（碱金属、碱金属-芳烃复合引发剂）和阴离子加成引发（有机金属化合物）两大类；按引发剂种类，分为碱金属引发剂、有机金属化合物引发剂及 Lewis 碱引发剂。

1. 电子转移引发

电子转移引发是单体与引发剂通过电子转移作用形成活性中心。如锂、钠、钾等碱金属外层只有一个价电子，容易转移给单体或中间体，生成阴离子引发聚合，因此也称为碱金属引发。根据电子转移方式不同，分为电子直接转移引发和电子间接转移引发。

（1）电子直接转移引发

碱金属将最外层的一个价电子直接转移给单体，生成单体自由基-阴离子，两个自由基-阴离子末端很快偶合终止，生成双阴离子，两端阴离子同时引发单体聚合。

$$Na+ \ CH_2{=}CH \longrightarrow Na^+{}^-CH_2{-}CH\cdot \longleftrightarrow Na^+{}^-CH{-}CH_2^{\cdot}$$
$$\underset{X}{|} \qquad\qquad \underset{X}{|} \qquad\qquad \underset{X}{|}$$

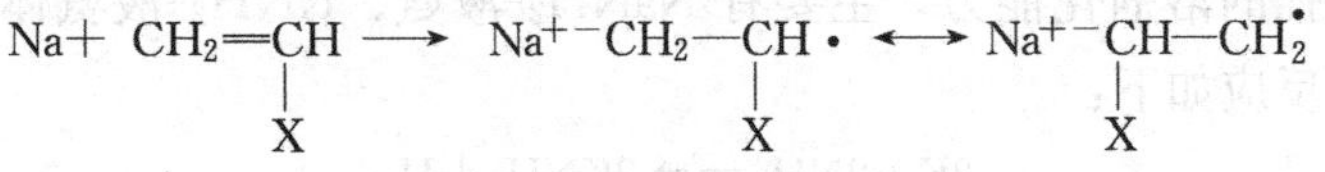

（单体自由基-阴离子）

$$2 \ Na^+{}^-CH{-}CH_2^{\cdot} \longrightarrow Na^+{}^-CH{-}CH_2{-}CH_2{-}CH{-}^+Na$$
$$\underset{X}{|} \qquad\qquad \underset{X}{|} \qquad\qquad \underset{X}{|}$$

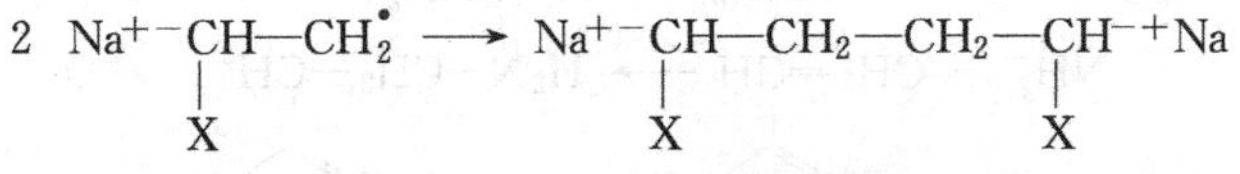

（双阴离子活性中心）

碱金属一般不溶于单体或溶剂，引发属于非均相反应，由于反应在金属表面进行，故引发速率较慢，引发效率较低。可采用特殊技术来提高其效率，如将金属分散成小颗粒或在反应器内壁上涂成薄层（金属镜），再加入单体进行聚合。典型产品是以金属钠为引发剂生产丁钠橡胶，就是按双阴离子聚合获得的产物。

（2）电子间接转移引发

碱金属将最外层的一个价电子转移给中间体，使中间介质形成自由基-阴离子，再将活性转移给单体。常采用碱金属-芳烃复合引发剂，如萘钠在四氢呋喃中引发苯乙烯的阴离子聚合反应：

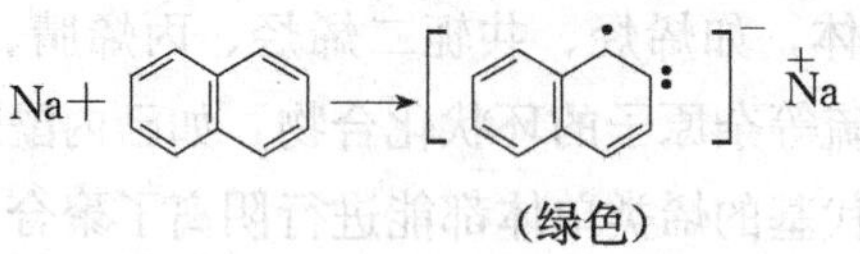

（绿色）

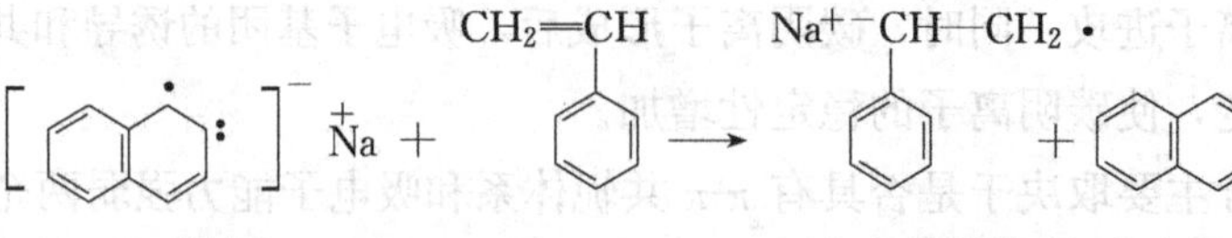

（绿色）　　　　自由基-阴离子（红色）

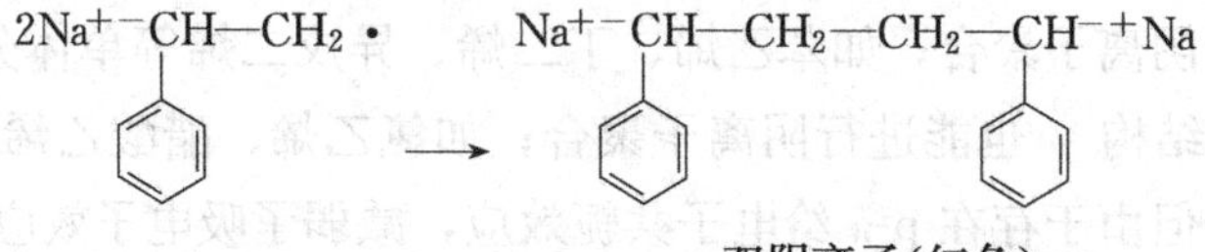

双阴离子（红色）

在这类引发反应中，萘相当于中间体，将电子从钠转移到苯乙烯而形成自由基-阴离子。由于萘钠在极性溶剂中是均相体系，提高了碱金属的利用率，也防止了逆反应的发生。

2. 阴离子加成引发

阴离子加成引发是引发剂分子中的阴离子直接加成到单体上形成活性中心。常见的是有机金属化合物，主要有金属氨基化合物、金属烷基化合物与格氏试剂、金属烷氧基化合物等。

这类化合物的引发活性与金属电负性有关，金属—碳键的极性越强，引发剂活性越大。其引发机理是引发剂阴离子对烯烃双键加成引发，可用下式表示：

$$R^-Me^+ + CH_2{=}\underset{\displaystyle X}{CH} \longrightarrow R{-}CH_2{-}\underset{\displaystyle X}{CH^-}\ Me^+$$

(1) 金属氨基化合物

金属氨基化合物是研究的最早的一类阴离子引发剂，是将碱金属放入液氨中形成的，液氨作为溶剂具有较强的溶剂化能力，主要有 $NaNH_2$-液氨、KNH_2-液氨体系。如 KNH_2-液氨引发苯乙烯聚合反应如下：

$$2K + 2NH_3 \rightleftharpoons 2KNH_2 + H_2$$

$$KNH_2 \rightleftharpoons K^+ + NH_2^-$$

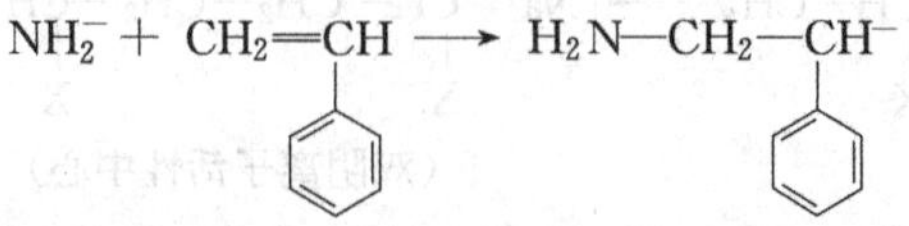

自由阴离子

(2) 金属烷基化合物与格氏试剂

应用较广泛的金属烷基化合物有烷基钠、烷基钾和烷基锂，最常用的是烷基锂中的正丁基锂（C_4H_9Li），由于其制备容易，且能溶于各类烃类溶剂之中，引发速率较快，在理论研究和实际应用中较多。其次是格利雅试剂（格氏试剂）RMgX，引入卤素后增加了 Mg—C 键的极性，但也只能引发活性较大的单体。

(3) 金属烷氧基化合物

甲醇钠或甲醇钾是碱金属烷氧基化合物的代表，活性较低，无法引发共轭烯烃和丙烯酸酯类聚合，多用于高活性环氧烷烃的开环阴离子聚合。

3. 其他引发

部分中性亲核试剂，如 R_3P、R_3N、ROH、H_2O 等，都有未共用的电子对，在引发和增长过程中能生成电荷分离的两性离子，但其引发活性很弱，只有很活泼的单体才能用它引发聚合。如 R_3N 引发烯类单体的聚合反应如下：

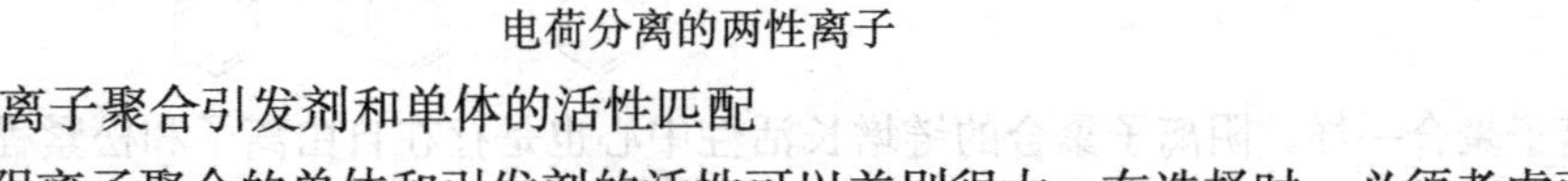

电荷分离的两性离子

4. 阴离子聚合引发剂和单体的活性匹配

由于阴离子聚合的单体和引发剂的活性可以差别很大，在选择时，必须考虑两者的匹配关系，只有活性配合得当，才能得到所需要的阴离子聚合物。表 2-12 中列出了阴离子聚合引发剂与单体的反应活性匹配情况。从表中可以看出，(a) 组引发剂的活性最高，它可以引发所有活性单体；(b) 组引发剂是中强性碱，能引发极性较强的 B、C、D 组单体；(c) 组引发剂是弱碱，只能引发 C、D 组单体；(d) 组引发剂是活性最弱的碱，它只能引发活性最强的 D 组单体。

表 2-12　阴离子聚合引发剂和单体的活性与匹配

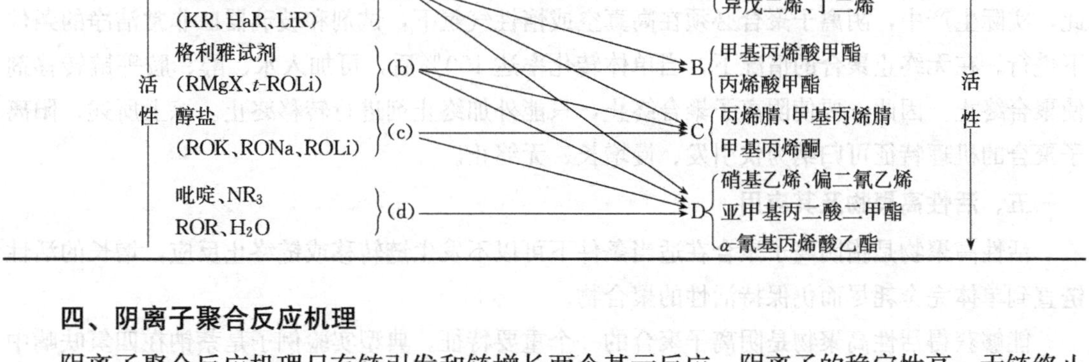

四、阴离子聚合反应机理

阴离子聚合反应机理只有链引发和链增长两个基元反应，阴离子的稳定性高，无链终止反应。以苯乙烯在正丁基钾引发下的阴离子聚合反应为例，说明其反应机理。

1. 链引发

引发反应是形成活性单体的反应，分两步完成。

第一步，碱金属原子将最外层的电子转移给单体，生成单体自由基阴离子：

$$n\text{-}C_4H_9Li \longrightarrow Li^+ + {}^-C_4H_9$$

第二步，自由阴离子与单体加成形成单体碳阴离子活性种：

单体碳阴离子活性种

与阳离子聚合类似，阴离子聚合引发活化能较低，聚合速率相当快。

2. 链增长

与阳离子聚合相同，阴离子链增长反应也是通过单体分子以"头-尾"结构连续不断地插入碳阴离子与反离子形成的离子对中间使链增长完成的。

$$C_4H_9CH_2CH^-Li^+ + CH_2=CH \longrightarrow C_4H_9CH_2CHCH_2CH^-Li^+ \longrightarrow \longrightarrow \longrightarrow$$

$$C_4H_9CH_2\text{-}[CH_2CH]_n\text{-}CH_2CH^-Li^+$$

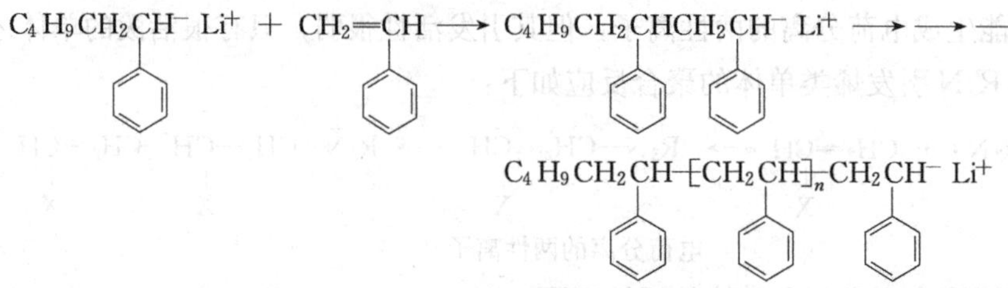

与阳离子聚合一样，阴离子聚合的链增长活性中心也是存在自由离子和松紧程度不同的离子对，离子对的存在形式对聚合速率、产物聚合度都有很大影响。阴离子聚合的链增长速率比链引发速率要慢，但与自由基聚合链增长相比，要快得多。

3. 链终止与链转移

与阳离子聚合反应一样，阴离子聚合的增长活性中心也带有相同的负电荷，不能发生双基终止反应。但与阳离子聚合不同的是，阴离子聚合的反离子一般为金属阳离子，不是离子团，无法从其中夺取某个原子或 H^+ 而终止，不会发生反离子转移终止；从活性链脱出 H^+ 需要较高的能量，也很难向单体转移终止及进行异构化自发终止。因此，若体系中无杂质存在，是没有链转移和链终止反应的。

阴离子聚合虽然不能进行终止反应，但微量杂质如水、氧等都易使碳阴离子终止，因此，实际生产中，阴离子聚合必须在高真空或惰性气氛下，试剂和玻璃器皿非常洁净的条件下进行。在无终止聚合的情况下，当单体转化率达 100% 后，可加入水、醇、胺等链转移剂使聚合终止。因此，要使阴离子聚合终止，只能外加终止剂进行转移终止。综上所述，阳离子聚合的机理特征可归纳为快引发、慢增长、无终止。

五、活性高聚物及其应用

活性高聚物是指阴离子聚合在适当条件下可以不发生链转移或链终止反应，增长的活性链直到单体完全耗尽而仍保持活性的聚合物。

能够获得活性高聚物是阴离子聚合的一个重要特征。典型实验例子是萘钠在四氢呋喃中引发苯乙烯的聚合，反应开始时，萘钠复合物是绿色，加入苯乙烯后很快转变成棕红色的单体碳阴离子活性链，聚合过程中这种颜色始终保持不变，即使单体耗尽，红色仍能保持数小时甚至几天。再补加单体后，聚合反应还会继续，体系黏度将逐渐增大，但颜色仍能保持，但如果加入少量终止剂甲醇，则红色立即消失，反应终止。可见，利用颜色的变化能判断出活性链只有在外加终止剂的情况下才终止。

1. 活性高聚物的形成条件

形成活性高聚物须满足的条件是：①反应体系中无杂质；②选用的单体不易发生链转移；③溶剂为惰性溶剂。

2. 活性高聚物的应用

（1）合成相对分子质量均一的聚合物

这是目前合成均一特定相对分子质量聚合物的唯一方法，可为凝胶渗透色谱测定聚合物相对分子质量及分布提供标准试样。

(2) 制备嵌段共聚物

利用活性聚合，先制得一种单体的活性链，然后有计划地分批加入不同类型的另一种单体，可获得结构与组分明确的嵌段共聚物。工业上已经用这种方法合成了二段（SB)、三段（SBS）等嵌段共聚物。这类聚合物在室温具有橡胶的弹性，在高温又具有塑料的热塑性，可用加工热塑性塑料的方法加工，故称为热塑性弹性体。如热塑性弹性体 SBS 的工业制备常采用三步法，其制备过程如下：

$$nS \xrightarrow{RLi} S_n^- \xrightarrow{mB} S_nB_m^- \xrightarrow{iS} S_nB_mS_i^-$$

然后，采用一定办法使 $S_nB_mS_i^-$ 失去活性即得到 SBS 嵌段共聚物。

(3) 制备遥爪聚合物

遥爪聚合物指大分子链两端都带有特殊反应性官能团的聚合物，两个官能团遥遥位居于大分子链的两端，就像两个爪子一样。遥爪聚合物按端基的功能基团种类一般可以分为羧基、羟基、氨基和环氧基等几大类，其中含羧基和羟基的遥爪聚合物最有实用价值。如果是单阴离子引发反应，可以合成相当于接枝共聚物的梳形聚合物和星形聚合物；如果是双阴离子引发，则大分子两端都有这些端基，就成为遥爪聚合物。

六、阴离子聚合反应的影响因素

1. 聚合温度的影响

阴离子聚合的活化能近似等于链增长活化能，由实验测得是正值，且数值很小，因此，聚合反应速率随聚合温度升高而略有所增加，也就是对温度变化不敏感。

2. 溶剂的影响

阴离子聚合所用的溶剂为非质子性溶剂，它的作用不但可移走反应热量，更主要的是溶剂的极性与溶剂化能力能改变活性中心的形态与结构，对聚合产生很大影响。通常，在极性溶剂中，聚合反应速率较大，但产物立构规整性差；在非极性溶剂中，聚合反应速率小，但产物立构规整性好。因此要综合考虑利弊来合理选择溶剂的极性。

任务五　配位聚合反应

【任务介绍】

某企业筹建聚丙烯和顺丁橡胶生产装置，请利用高聚物的基本理论说明其反应机理及产物特征，并为该生产工艺分别选择合适的引发剂。

【任务分析】

通过对比自由基及阴、阳离子聚合反应，学习配位聚合的反应机理及引发剂特征，理解其产物立构规整性的含义。

【相关知识】

人们对配位聚合反应的研究源于齐格勒-纳塔（Ziegler-Natta）引发剂的发现。在

1938～1939 年期间，英国 ICI 公司在高温（180～200℃）和高压（150～300MPa）条件下，以氧为引发剂，通过自由基聚合得到了聚乙烯，由于聚合产物大分子链中带有较多支链，密度较低，因此称为低密度聚乙烯。1953 年，德国化学家 Ziegler 在一次实验中意外发现了乙烯低温（60～90℃）和常压（0.2～1.5MPa）下聚合的引发剂，合成出了支链少、密度大、结晶度高的高密度聚乙烯。1954 年，意大利化学家 Natta 发现了丙烯聚合的引发剂，成功地将难以聚合的丙烯聚合成高相对分子质量、高结晶度、高熔点的聚合物。之后，人们以他们的名字命名为 Ziegler-Natta 引发剂，并于 1955 年和 1957 年用于低压聚乙烯和聚丙烯的工业化生产，获得了巨大的经济效益，也开创了一个新的高分子研究领域——配位聚合。

一、配位聚合反应及应用

配位聚合的概念是 Natta 在用 Ziegler-Natta 引发剂解释 α-烯烃聚合机理时提出的，它是指烯烃单体的碳碳双键与引发剂活性中心的过渡元素原子的空轨道配位，然后发生移位使单体插入到金属—碳键之间使链不断增长的一类聚合反应。由于其增长反应链端具有阴离子的性质，因此，配位聚合属于阴离子聚合。

Ziegler-Natta 引发剂不但对聚合反应有引发作用，由于其所含金属与单体之间有强配位能力，使单体分子进入大分子链有空间定向配位作用，可获得高立体规整度的聚合产物。目前，已实现工业化大型生产的主要品种有高密度聚乙烯、聚丙烯、顺丁橡胶、异戊橡胶、乙丙橡胶等。

二、聚合物的立体规整性

将化学组成相同而结构不同的化合物称为异构体，异构体可以分为结构异构体和立体异构体两大类，高聚物也存在这种现象。

1. 高聚物的结构异构

结构异构是指大分子中原子或原子团相互连接的次序不同而引起的异构，又称为同分异构。如聚甲基丙烯酸甲酯与聚丙烯酸乙酯的结构单元都是—$C_5H_8O_2$—的聚合物。

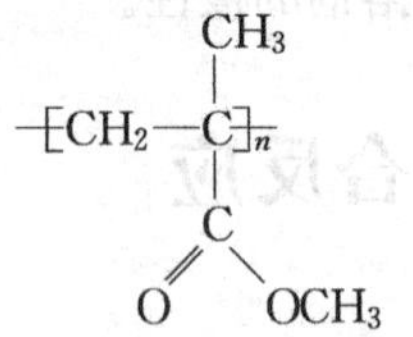

聚甲基丙烯酸甲酯

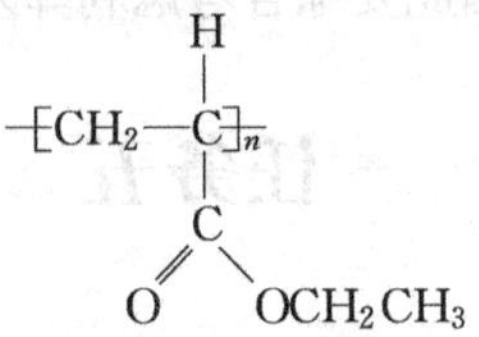

聚丙烯酸乙酯

又如结构单元为—C_2H_4O—的聚合物可以是聚乙烯醇、聚乙醛、聚环氧乙烷等。

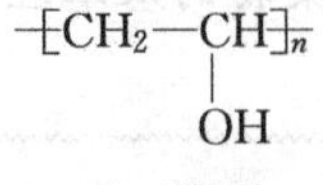

聚乙烯醇

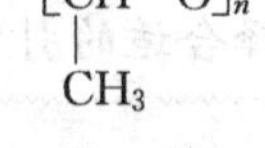

聚乙醛

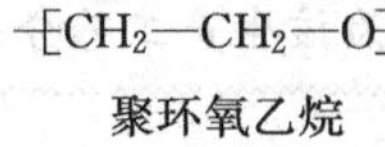

聚环氧乙烷

此外，在同一种单体聚合链增长时存在结构单元有“头-头”、“头-尾”、“尾-尾”三种连接方式及两种单体在共聚物分子链上有无规、交替、嵌段、接枝不同的排列方式都属于结构异构体。一种结构单元以一种方式连接的聚合物称为序列规整性聚合物。

2. 高聚物的立体异构

立体异构是由于分子链中的原子或取代基团的空间排布方式不同而引起的异构。高分子中原子或原子团在空间排布方式又称为构型。高聚物的立体异构分为几何异构和光学异构两种。

(1) 几何异构

高聚物的几何异构是由高分子主链上双键或环形结构上取代基的构型不同引起的立体异构现象，多为顺反异构。如1,3-丁二烯单体进行1,4-加成聚合反应，由于双键无法旋转，将会产生顺-1,4-聚丁二烯和反-1,4-聚丁二烯两种构型的几何异构体。其构型如图2-15所示。

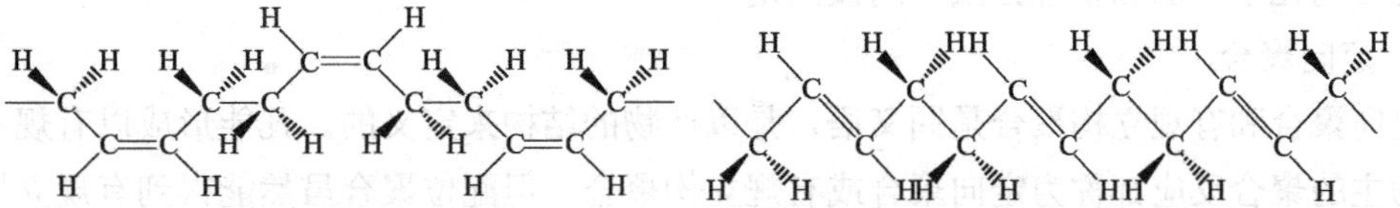

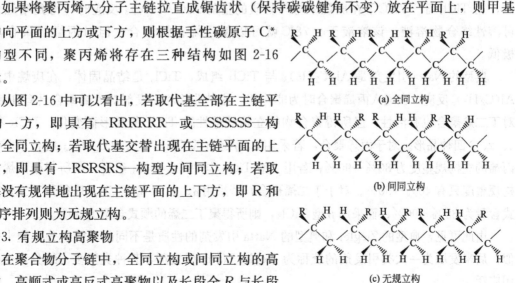

(a) 顺-1,4-聚丁二烯　　(b) 反-1,4-聚丁二烯

图2-15　1,4-聚丁二烯的几何异构体

顺式和反式的1,4-聚丁二烯的几何构型不同，造成性能差别较大。顺式结构的玻璃化温度较低，是具有高弹性能的通用橡胶；反式结构的玻璃化温度和结晶度都较高，是较硬的低弹性材料，不能作为橡胶使用。

(2) 光学异构

高聚物的光学异构是由高分子链中手性碳原子（C*）上原子或取代基的不同空间排布而引起的立体异构现象，也称为对映体异构。通常将直接与四个不同原子或原子团相连接的碳原子称为手性碳原子，用C*表示。一般按照手性中心上基团的次序不同，分为*R*和*S*两种构型。

如*α*-烯烃的聚丙烯高分子链中，含有多个手性碳原子C*，每个C*都与H、CH_3及两个不同链长的高分子链相连，属于不对称碳原子，因无旋光性，常称为假手性中心碳原子。

如果将聚丙烯大分子主链拉直成锯齿状（保持碳碳键角不变）放在平面上，则甲基就伸向平面的上方或下方，则根据手性碳原子C*的构型不同，聚丙烯将存在三种结构如图2-16所示。

从图2-16中可以看出，若取代基全部在主链平面的一方，即具有—RRRRRR—或—SSSSSS—构型为全同立构；若取代基交替出现在主链平面的上下方，即具有—RSRSRS—构型为间同立构；若取代基没有规律地出现在主链平面的上下方，即R和S无序排列则为无规立构。

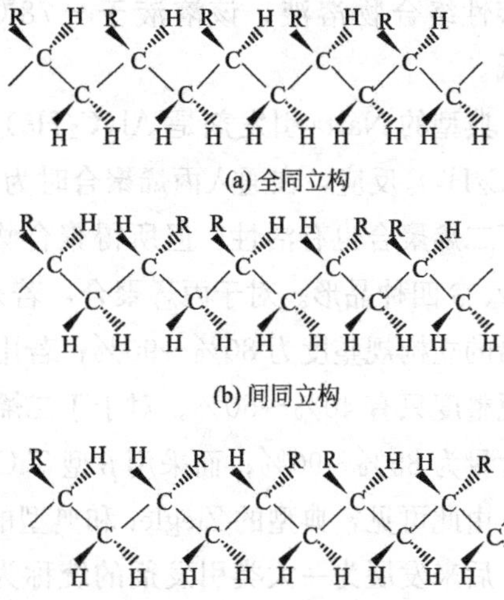

(a) 全同立构

(b) 间同立构

(c) 无规立构

图2-16　聚*α*-烯烃的光学异构体

3. 有规立构高聚物

在聚合物分子链中，全同立构或间同立构的高聚物、高顺式或高反式高聚物以及长段全*R*与长段全*S*构型组成的嵌段高聚物，统称为有规立构高聚

物。聚合物的立构规整性影响聚合物的结晶能力，聚合物的立构规整性好，分子排列有序，有利于结晶，高结晶度将使聚合物具有高熔点、高强度、高耐溶剂性的优异性能。如无规聚丙烯是非结晶聚合物，呈蜡状黏稠液体，不能作为材料使用；全同结构和间同结构的聚丙烯，是高度结晶材料，可用作塑料和合成纤维使用；而全同结构的聚丙烯，T_m 高达 175℃，具有高强度、高耐溶剂性和耐化学腐蚀性，可耐蒸汽消毒。

高聚物中有规立构聚合物占总聚合物的百分数称为立构规整度（IIP），又称等规度，它是评价聚合物性能、引发剂定向聚合能力的重要指标。立构规整度可采用红外光谱直接测定，也可用化学方法和物理方法等间接测定。

4. 定向聚合

定向聚合和有规立构聚合是同义语，是以产物的结构来定义的。凡能形成以有规立构高聚物为主的聚合反应都称为定向聚合或有规立构聚合。但配位聚合虽然能得到有规立构聚合物，但不一定是定向聚合。如乙丙橡胶的制备采用 Ziegler-Natta 引发剂，属配位聚合，但聚合产物的结构是无规的，因而不是定向聚合。

三、配位聚合反应的单体

采用 Ziegler-Natta 引发剂可以使许多单体进行聚合，包括非极性单体和极性单体两类。非极性单体主要有乙烯、丙烯、1-丁烯、4-甲基-1-戊烯、乙烯基环己烷、苯乙烯、共轭双烯烃、炔烃、环烯烃等；极性单体主要有醋酸乙烯酯、氯乙烯、丙烯酸酯和甲基丙烯酸甲酯等。具体参见表 2-1。

四、配位聚合反应的引发体系及引发作用

配位聚合反应的引发剂主要有四种类型。

1. Ziegler-Natta 引发剂

这类引发剂主要用于 α-烯烃、二烯烃、环烯烃的定向聚合。

典型的 Ziegler 引发剂由 $Al(C_2H_5)_3$ ［或 $Al(i\text{-}C_4H_9)_3$］与 $TiCl_4$ 组成，$TiCl_4$ 是液体，当 $TiCl_4$ 于 −78℃下在庚烷中与等物质的量的 $Al(i\text{-}C_4H_9)_3$ 反应时，得到暗红色的可溶性络合物溶液，该溶液于 −78℃就可以使乙烯很快聚合，但对丙烯的聚合活性极低。

典型的 Natta 引发剂是 $Al(C_2H_5)_3$ 与 $TiCl_3$ 组成，$TiCl_3$ 是结晶固体，在庚烷中加入 $Al(C_2H_5)_3$反应，在通入丙烯聚合时为非均相，这种非均相引发剂对丙烯聚合具有高活性，对丁二烯聚合也有活性。但所得聚合物的立构规整性随 $TiCl_3$ 的晶形而变化。$TiCl_3$ 有 α、β、γ、δ 四种晶形。对于丙烯聚合，若采用 α、γ 或 δ 型 $TiCl_3$ 与 $Al(C_2H_5)_3$ 组合，所得聚丙烯的立构规整度为 80%～90%；若用 β 型 $TiCl_3$ 与 $Al(C_2H_5)_3$ 组合，则所得聚丙烯的立构规整度只有 40%～50%。对于丁二烯聚合，若采用 α、γ、δ 型 $TiCl_3$，所得聚丁二烯的反式含量为 85%～90%；而采用 β 型 $TiCl_3$，则所得聚丁二烯的顺式含量为 50%。

由此可见，典型的 Ziegler 和典型的 Natta 引发剂的性质是不同的，但组分类型十分相似，后来发展为一大类引发剂的统称为 Ziegler-Natta 引发剂，其种类繁多、组分多变、应用广泛。

Ziegler-Natta 引发剂一般由主引发剂和共引发剂组成。

(1) 主引发剂

主引发剂是第ⅣB～ⅧB族过渡金属（Mt）化合物。用于α-烯烃配位聚合的主引发剂主要有Ti、V、Mo、W、C等过渡金属的卤化物MtX_n（X＝Cl、Br、I）及氧卤化物$MtOX_n$（X＝Cl、Br、I）、乙酰丙酮基化合物$Mt(acac)_n$、环戊二烯基氯化物Cp_2TiCl_2等，其中最常用的是$TiCl_3$（α、γ、δ晶形）；$MoCl_5$和WCl_6专用于环烯烃的开环聚合；Co、Ni、Ru、Rh等的卤化物或羧酸盐组分主要用于二烯烃的配位聚合。

(2) 共引发剂

共引发剂是第ⅠA～ⅢA族金属烷基化合物，主要有AlR_3、LiR、MgR_2、ZnR_2等，式中R为CH_3～$C_{11}H_{23}$的烷基或环烷基。其中有机铝化合物如$Al(C_2H_5)_3$、$Al(C_2H_5)_2Cl$、倍半乙基铝［$Al(C_2H_5)_2Cl \cdot Al(C_2H_5)Cl_2$］、$Al(i\text{-}C_4H_9)_3$等用得最多。

Ziegler-Natta引发剂可以有很多种，只要改变其中的一种组分，就可以得到适用于某一特定单体的专门引发剂，但这种组合需要通过实验来确定。通常，当主引发剂选定为$TiCl_3$后，从制备方便、价格和聚合物质量考虑，多选用$Al(C_2H_5)_2Cl$作为共引发剂。此外，$Al(C_2H_5)_2Cl$与$TiCl_3$的比例，简称Al/Ti比，对配位聚合反应的转化率和立构规整度都有影响。大量的实践证明，当Al/Ti比为1.5～2.5，可以使聚合速率适中，且可得到较高立构规整度的聚丙烯。

(3) 第三组分

单纯的两组分Ziegler-Natta引发剂被称为第一代引发剂，其活性低，定向能力也不高。到了20世纪60年代，为了提高Ziegler-Natta引发剂的定向能力和聚合速率，加入含N、P、O、S等带孤对电子的化合物如六甲基磷酰胺｛$[(CH_3)_2N]_3P=O$｝、丁醚［$(C_4H_9)_2O$］及叔胺［$N(C_4H_9)_3$］等作为第三组分（给电子体），加入第三组分的引发剂称为第二代引发剂，加入第三组分虽使聚合速率有所下降，但可以改变引发剂的引发活性，提高产物立构规整度和相对分子质量。第三代引发剂是除添加第三组分外，将$TiCl_4$负载在$MgCl_2$、Mg(OH)Cl等载体上，使引发剂活性和产物等规整度达到更高。这种高效引发剂在乙烯、丙烯聚合应用更为普遍，但对丁二烯聚合及其他二烯聚合和乙丙橡胶的生产，高效引发剂用得不多。

(4) 使用齐格勒-纳塔（Ziegler-Natta）引发剂时的注意事项

Ziegler-Natta引发剂的主引发剂是卤化钛，性质非常活泼，在空气中吸湿后发烟、自燃，并可发生水解、醇解反应；共引发剂是烷基铝，性质也极活泼，易水解，接触空气中氧和潮气迅速氧化，甚至燃烧、爆炸；因此，Ziegler-Natta引发剂在贮存和运输过程中必须在无氧且干燥的N_2保护下进行，在生产过程中，原料和设备一定要除尽杂质，尤其是氧和水分，聚合完成后，工业上常用醇解法除去残留的引发剂。

2. π-烯丙基型引发剂

π-烯丙基型引发剂是π-烯丙基直接和过渡金属如Ti、V、Cr、U、Co及Ni等相连的一类引发剂。这类引发剂的共同特点是制备容易、比较稳定，尤其是如果采用合适的配位体引发，活性会显著提高。但此类引发剂仅限用于共轭二烯烃聚合，不能使α-烯烃聚合。在π-烯丙基型引发剂中，人们研究最多的是π-烯丙基镍型，利用其引发丁二烯的聚合，得到的聚丁二烯的结构随配位体的性质不同而改变，如含CF_3COO^-的引发剂主要得到顺式1,4-结构产物；而含碘引发剂得到反式 1,4-结构为主的产物。

3. 烷基锂引发剂

烷基锂引发剂如 RLi 中只含一种金属，一般为均相体系，它可引发共轭二烯烃和部分极性单体聚合，聚合物的微观结构主要取决于溶剂的极性。

4. 茂金属引发剂

茂金属引发剂是环戊二烯基（简称茂，Cp）、ⅣB 过渡金属（如锆 Zr、钛 Ti 和铪 Hf）及非茂配体（如氯、甲基、苯基等）三部分组成的有机金属络合物的简称。最早的茂金属引发剂出现在 20 世纪 50 年代，只能用于乙烯的聚合，且活性较低，未能引起人们的关注。直到 1980 年，Kaminsky 用茂金属化合物二氯二茂锆（Cp_2ZrCl_2）作主引发剂，甲基铝氧烷（MAO）作共引发剂，可是乙烯、丙烯聚合，且引发活性很高，标志着新型高活性茂金属引发剂的广泛研究与发展。

茂金属引发剂的引发机理与 Ziegler-Natta 引发剂相似，也是烯烃分子与过渡金属配位，在增长链端与金属之间插入而使高分子链不断增长。茂金属引发剂的主要特点是均相体系；高活性，几乎 100%的金属原子均可形成活性中心；立构规整能力强，可得到较纯的全同立构或间同立构的聚丙烯；可制得高相对分子质量、分布窄、共聚物组成均一的聚合产物；几乎可聚合所有的乙烯基单体，甚至可使烷烃聚合。

五、配位聚合反应机理

目前，人们对于配位聚合反应机理提出了很多解释，但还没有统一的理论，其中有两种理论获得大多数人的赞同，即单金属活性中心机理和双金属活性中心机理。

1. Cossee-Arlman 单金属机理

单金属活性中心机理是荷兰物理化学家 Cossee 于 1960 年首先提出的，该机理认为对于 $TiCl_3$(α，γ，δ)-AlR_3 引发体系，只含有过渡金属 Ti 一种活性种，活性中心是带有一个空位的以过渡金属 Ti 为中心的正八面体。这个理论经 Arlman 补充完善后，得到许多人的公认。下面以典型的 α-烯烃(丙烯) 的配位聚合反应机理为例，其反应的过程如下。

(1) 活性中心的形成

依照单金属活性中心的理论，活性中心的形成过程是 AlR_3 在带有 5 个—Cl 配位体的 Ti^{3+} 空位处与之配位，在 Ti 上的 $Cl_{(5)}$ 与 AlR_3 的 R 发生烷基卤素交换反应，结果使 Ti 发生烷基化，并再生出一个空位。形成的活性种是一个 Ti 上带有一个 R 基、一个空位和 4 个氯的五配位正八面体，AlR_3 只是起到使 Ti 烷基化的作用。

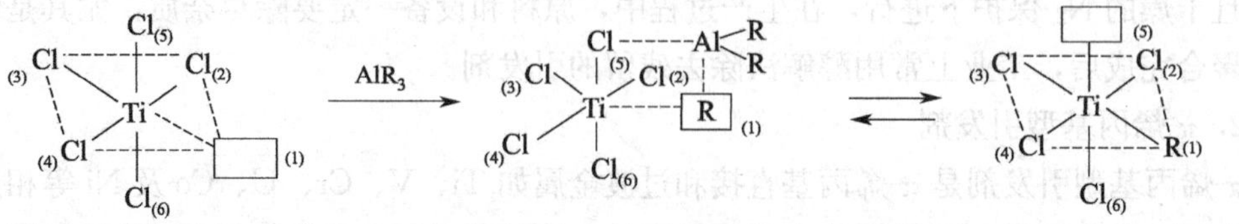

(2) 链引发与链增长

定向吸附在 $TiCl_3$ 表面上的单体，在空位处与 Ti 发生配位，形成四元环过渡状态，然后，R 基和单体发生重排，结果使单体在 Ti—C 键间插入增长。

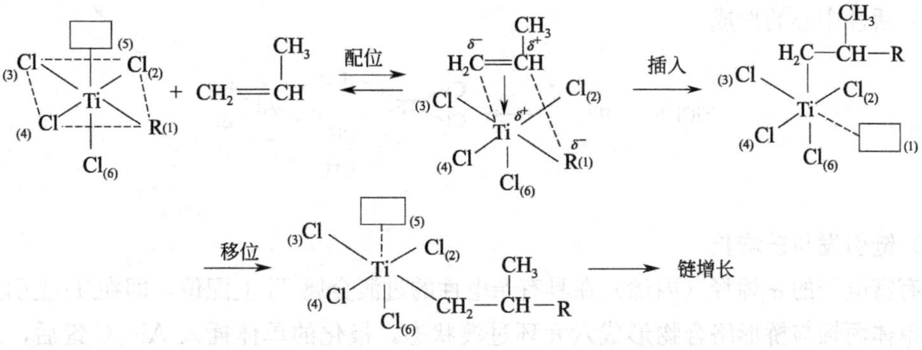

(3) 链终止

配位聚合反应与阴离子聚合反应相似，也很难发生终止反应，只能通过人为的加入终止剂，链终止主要有以下三种方式（[Cat]R 表示配位聚合的活性中心）。

① 向单体转移终止

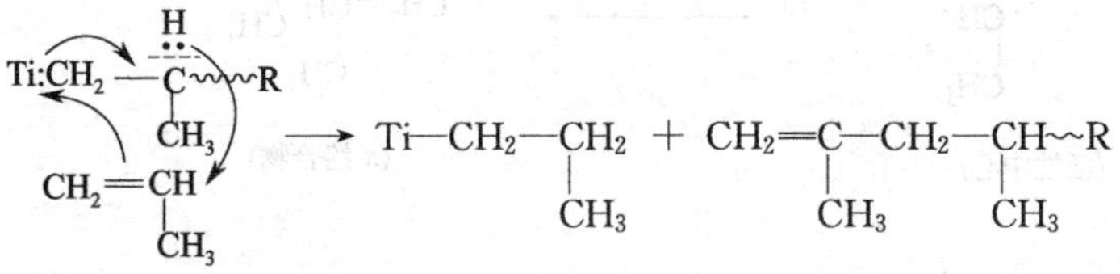

② 裂解终止（自发终止）

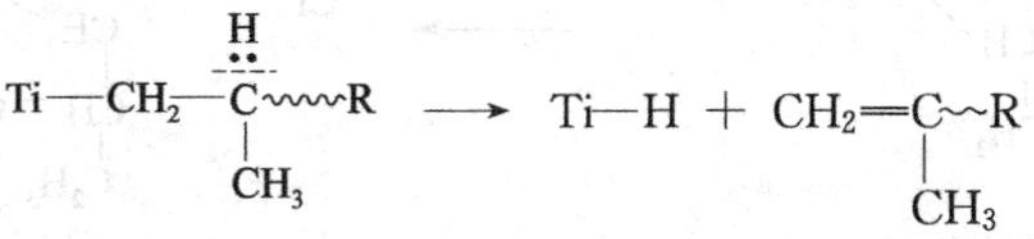

③ 向共引发剂 AlR_3 转移终止

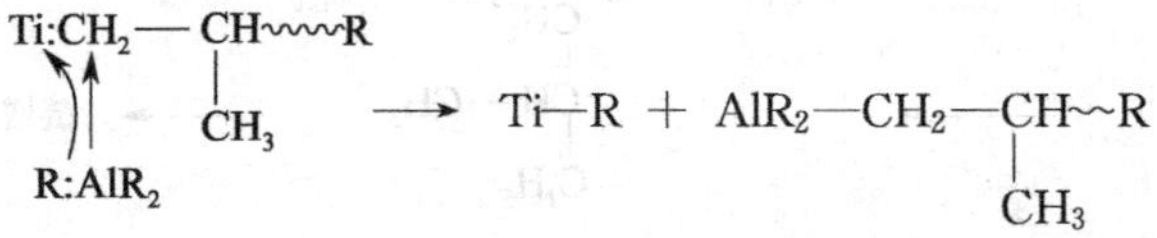

④ 向氢气转移（氢解）终止　工业上，常用 H_2 来调节高聚物的相对分子质量，也使聚合速率降低。

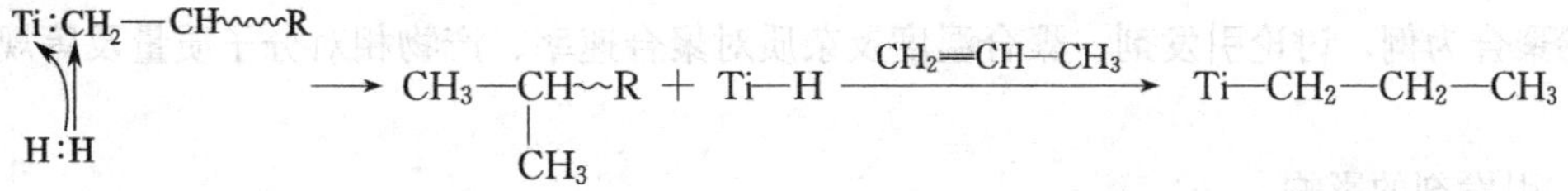

以上几种终止形式，除了加入 H_2 终止外，其他方式较难发生，活性链寿命很长。当加入其他类型单体时可以制备立构嵌段共聚物，这就为合成新型高聚物开辟了新的途径。

2. Natta 双金属机理

双金属活性中心机理是 1959 年由 Natta 首先提出的，该机理认为首先引发剂中的两个组分 $TiCl_3$ 与烷基铝相互作用，形成的聚合活性中心是缺电子的双金属桥形络合物。

（1）活性中心的形成

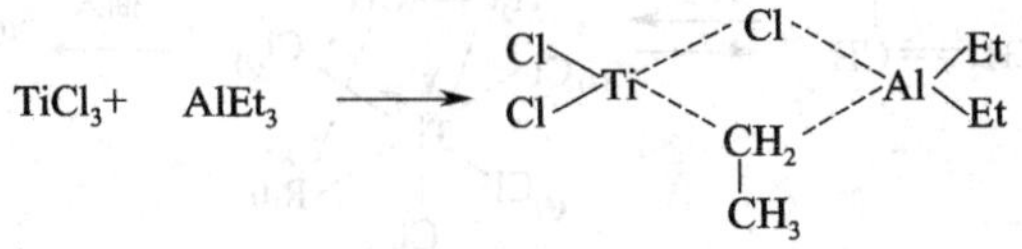

（2）链引发与链增长

带有富电子的α-烯烃（丙烯）在具有亲电性的过渡金属 Ti 上配位，即在 Ti 上引发，被配位的单体丙烯与桥形络合物形成六元环过渡状态。极化的单体插入 Al—C 键后，六元环瓦解，重新生成四元环的桥形络合物。这样，单体不断在 Ti 上配位，在 Al—C 键之间插入，在 Al 上增长，使聚合链不断增长。

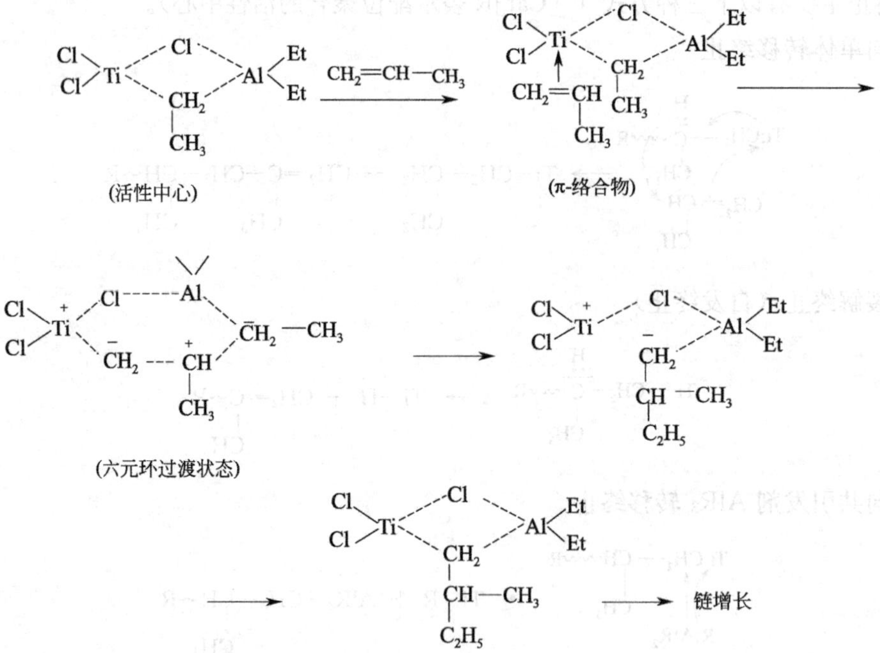

六、配位聚合反应影响因素

配位聚合的机理比较复杂，影响因素也比较多，这里仅以采用 Ziegler-Natta 引发剂引发丙烯聚合为例，讨论引发剂、聚合温度及杂质对聚合速率、产物相对分子质量及等规度的影响。

1. 引发剂的影响

Ziegler-Natta 引发剂对聚合反应的影响除了体现在选择不同的主、共引发剂外，其两者的配比关系及是否加入第三组分等也会对聚合反应产生很大的影响。

（1）主引发剂的影响

若以 $Al(C_2H_5)_2Cl$ 或 $Al(C_2H_5)_3$ 为共引发剂，各种主引发剂对丙烯配位聚合的影响见表 2-13。

表 2-13 主引发剂对丙烯聚合产物等规度（IIP）的影响

主 引 发 剂	助 引 发 剂	IIP/%
$TiCl_3(\gamma)$	$Al(C_2H_5)_2Cl$	92～93
$TiCl_3$(α 或 δ)		90
$TiCl_3(\beta)$		87
$TiCl_3$(α 或 δ)	$Al(C_2H_5)_3$	85
$TiCl_3(\gamma)$		77
VCl_3		73
$TiCl_3(\beta)$		40～50
$TiCl_4$		30～60
VCl_4		48
$TiBr_4$		42
$CrCl_3$		36
$VOCl_3$		32

综合表 2-13 可见，不同的过渡金属组分，其定向能力不同。综合比较，$TiCl_3$(α、γ、δ）作为主引发剂得到的聚丙烯等规度较高。

（2）共引发剂的影响

若以 $TiCl_3$(α、γ 或 δ）为主引发剂，各种共引发剂对丙烯配位聚合的影响见表 2-14。

表 2-14 不同共引发剂对丙烯聚合产物等规度（IIP）的影响

助 引 发 剂	相对聚合速率	IIP/%
$Al(C_2H_5)_3$	100	83
$Al(C_2H_5)_2F$	30	83
$Al(C_2H_5)_2Cl$	33	93
$Al(C_2H_5)_2Br$	33	95
$Al(C_2H_5)_2I$	9	98
$Al(C_2H_5)_2OC_6H_5$	0	—
$Al(C_2H_5)_2NC_5H_{10}$	0	—

综合表 2-14 可见，采用相同的主引发剂 $TiCl_3$，聚丙烯的等规度将随着共引发剂中卤素的种类不同而发生变化，定向能力顺序是 $Al(C_2H_5)_2I > Al(C_2H_5)_2Br > Al(C_2H_5)_2Cl$，看似应选择共引发剂 $Al(C_2H_5)_2I$ 或 $Al(C_2H_5)_2Br$，但由于它们的价格较贵，且聚合速率也很低，因此，综合考虑，生产中多数选择 $Al(C_2H_5)_2Cl$。

（3）主、助引发剂配比的影响

配位聚合反应速率及产物的立构规整度不仅取决于引发剂两组分的组成与搭配，还与主引发剂与共引发剂的配比（Al/Ti）有关，适宜的 Al/Ti 比要综合其对聚合速率、产物相对分子质量及等规度的影响来选择。Al/Ti 比对转化率和立构规整度的影响见表 2-15。

表 2-15　Al/Ti（摩尔比）比对聚合反应的影响

单　体	最高转化率下的 Al/Ti 比	等规度最高时的 Al/Ti 比
乙烯	＞2.5～3	—
丙烯	1.5～2.5	3
1-丁烯	2	2
4-甲基-1-戊烯	1.2～2.0	1
苯乙烯	2～3	3
丁二烯	1.0～1.25	1.0～1.25(反式 1,4-结构)
异戊二烯	1.2	1

综合考虑表 2-13～表 2-15 的数据，丙烯的配位聚合采用 $TiCl_3$(α、γ 或 δ）为主引发剂，$Al(C_2H_5)_2Cl$ 为共引发剂，Al/Ti 比取 1.5～2.5，能够以适中的聚合速率获得较高立构规整度的聚丙烯。

（4）第三组分的影响

如前所述，在 Ziegler-Natta 引发剂中加入含 N、P、O 给电子体的物质作为第三组分，虽然聚合速率有所下降，但可以改变引发剂引发活性提高产物立构规整度和相对分子质量（见表 2-16）。

表 2-16　第三组分对引发活性和 IIP 的影响

主引发剂	助引发剂	第三组分		聚合速率 /[μmol/(L·s)]	IIP/%	[η]
		给电子体(B:)	B:/Al(摩尔比)			
$TiCl_3(\alpha)$	$Al(C_2H_5)_2Cl$	—	—	1.51	≥90	2.45
	$Al(C_2H_5)Cl_2$	—	—	0	—	—
	$Al(C_2H_5)Cl_2$	$N(C_4H_9)_2$	0.7	0.93	95	3.06
	$Al(C_2H_5)Cl_2$	$[(CH_3)_2N]PO$	0.7	0.74	95	3.62
	$Al(C_2H_5)Cl_2$	$(C_4H_9)_3P$	0.7	0.73	97	3.11
	$Al(C_2H_5)Cl_2$	$(C_4H_9)_2O$	0.7	0.39	94	2.96
	$Al(C_2H_5)Cl_2$	$(C_4H_9)S$	0.7	0.15	97	3.16

注：[η] 为高聚物的特性黏度，与高聚物相对分子质量的大小有关。

2. 聚合温度的影响

聚合反应温度对聚合速率、产物相对分子质量和等规度都有很大的影响。对于聚丙烯聚合的一般规律是，当聚合温度低于 70℃时，聚合速率和等规度均随温度的升高而增大；当聚合温度超过 70℃时，由于温度升高会降低引发剂形成配合物的稳定性，导致聚合速率和等规度都下降，同时，温度升高有利于链转移反应发生，使聚合产物的相对分子质量也下降。

3. 杂质的影响

Ziegler-Natta 引发剂的活性很高，聚合体系中微量的 O_2、CO、H_2、H_2O、CH≡CH 等都将会使引发剂失去活性，因此，在生产上，对聚合级的原料（单体、溶剂及助剂等）纯度的要求特别高，要严格控制杂质的含量。

七、自由基聚合反应与离子型聚合反应的比较

自由基聚合反应、离子型聚合反应及配位聚合反应同属于连锁聚合反应，但由于活性中

心的不同，聚合过程具有很多不同的特征，表 2-17 中列出了各种类型连锁聚合反应的比较。

表 2-17　各种类型连锁聚合反应的比较

<table>
<tr><th>比较项目</th><th>阳离子聚合</th><th>阴离子聚合</th><th>配位聚合</th><th>自由基聚合</th></tr>
<tr><td rowspan="3">单体</td><td>$H_2C{=}CHX$，X 为推电子基</td><td>$H_2C{=}CHX$，X 为强吸电子基</td><td>极性及非极性的烯类单体</td><td>$H_2C{=}CHX$，X 为弱吸电子基</td></tr>
<tr><td colspan="4">共轭类烯烃</td></tr>
<tr><td colspan="4">含 C、O、N、S 等杂环化合物</td></tr>
<tr><td rowspan="3">引发剂</td><td>亲电试剂
含氢酸、路易斯酸（加助引发剂）</td><td>亲核试剂
碱金属、金属有机化合物、碱</td><td>Ziegler-Natta 引发剂、π-烯丙基镍、烷基锂类、茂金属引发剂</td><td>偶氮类、有机过氧化物类、无机过氧化物、氧化还原引发体系</td></tr>
<tr><td colspan="2">光、热、辐射也可以引发</td><td></td><td>光、热、辐射也可以引发</td></tr>
<tr><td colspan="3">从聚合反应开始到结束都有影响（R_p、X_n、产物结构规整性）</td><td>只影响链引发（R_i）</td></tr>
<tr><td>活性中心</td><td>碳正离子</td><td>碳负离子</td><td>金属配位离子</td><td>自由基</td></tr>
<tr><td>链增长方式</td><td colspan="2">严格按“头-尾”连接</td><td>单体定向插入到金属—碳键之间</td><td>以“头-尾”连接为主，其他少量</td></tr>
<tr><td rowspan="2">主要链终止方式</td><td>向单体和溶剂转移终止</td><td>正常情况无链终止，活性聚合</td><td>外加链终止剂转移终止</td><td rowspan="2">双基终止，链转移终止</td></tr>
<tr><td colspan="3">无双基终止</td></tr>
<tr><td rowspan="2">机理特征</td><td colspan="4">均属于连锁聚合机理</td></tr>
<tr><td>快引发、快增长、难终止、易转移</td><td>快引发、慢增长、无终止</td><td></td><td>慢引发、快增长、有终止、易转移</td></tr>
<tr><td>聚合温度</td><td>0℃以下～−100℃</td><td>0℃以下或室温</td><td>低温～80℃</td><td>通常在 50～80℃</td></tr>
<tr><td rowspan="3">溶剂</td><td>弱极性溶剂，如氯甲烷、二氯甲烷等氯代烃</td><td>从非极性到极性有机溶剂</td><td>采用惰性烃类溶剂</td><td rowspan="2">有机溶剂、水均可以使用</td></tr>
<tr><td colspan="3">水及含质子的化合物不能用作溶剂</td></tr>
<tr><td colspan="3">溶剂的极性对 R_p、X_n、规整性影响极大</td><td>仅对引发剂的诱导分解与链转移产生影响</td></tr>
<tr><td>阻聚剂</td><td>亲核试剂，水、醇、酸、醚、酯、苯醌、胺类等</td><td>亲电试剂，水、醇、酸等含活泼氢物质及苯胺、氧、CO_2 等</td><td>H_2O、H_2、O_2、CO 等无机物和醇、亲电试剂等能使络合引发剂中毒的有机物</td><td>生成稳定自由基与化合物的试剂，对苯二酚、苯醌、芳胺、硝基苯、DPPH 等</td></tr>
<tr><td>聚合实施方法</td><td colspan="3">本体聚合、溶液聚合</td><td>本体、溶液、悬浮、乳液</td></tr>
</table>

自我评价

1. 已知下列 10 种烯烃类单体，分析判断它们适合进行何种类型的聚合反应？并说明理由。

(1) $CH_2{=}CHCl$　(2) $CH_2{=}CCl_2$　(3) $CH_2{=}CHCN$　(4) $CH_2{=}C(CN)_2$

(5) $CH_2{=}CHCH_3$　(6) $CH_2{=}C(CH_3)_2$　(7) $CH_2{=}CHC_6H_5$　(8) $CF_2{=}CF_2$

(9) $CH_2{=}C(CN)COOR$　(10) $CH_2{=}C(CH_3){-}CH{=}CH_2$

2. 什么是自由基聚合反应？试举出 3 种典型产品。

3. 乙烯进行自由基聚合时，为什么必须在高温高压的苛刻条件下进行？得到的为什么是低密度聚乙烯？

4. 判断下列 8 种烯烃类单体能否进行自由基聚合？并说明理由。

(1) $CH_2{=}C(C_6H_5)_2$　(2) $ClCH{=}CHCl$　(3) $CH_2{=}C(CH_3)C_2H_5$

(4) $CH_3CH{=}CHCH_3$　(5) $CH_2{=}CHOCOCH_3$　(6) $CH_2{=}C(CH_3)COOCH_3$

(7) $CH_3CH═CHCOOCH_3$　(8)$CF_2═CFCl$

5. 自由基聚合反应引发方式有哪几种？各举一个典型实例？工业上常用的是哪种？

6. 举例说明自由基聚合反应的引发剂有哪几种？各有什么特点？

7. 写出下列常用6种引发剂的分子式和分解反应式，并指出哪些属于水溶性引发剂，哪些属于油溶性引发剂？并分析它们的引发活性和使用场合。

(1) 偶氮二异庚腈　(2) 过氧化二苯甲酰　(3) 过硫酸钾-亚硫酸氢钠

(4) 异丙苯过氧化氢　(5) 过氧化二碳酸二环己酯　(6) 过氧化氢-亚铁盐

8. 什么是引发剂的引发效率？影响因素有哪些？

9. 自由基聚合反应中引发剂的选择原则是什么？

10. 在自由基聚合反应中，为什么聚合物链中单体单元主要按“头-尾”方式连接？

11. 写出以偶氮二异庚腈为引发剂，氯乙烯、苯乙烯和甲基丙烯酸甲酯自由基聚合机理中各基元反应表达式。

12. 什么是链转移反应？有几种形式？对聚合反应速率和聚合产物的相对分子质量有何影响？

13. 链转移反应对支链的形成有何影响？聚乙烯的长支链和短支链、聚氯乙烯的支链是如何形成的？

14. 推导自由基聚合动力学方程时，做了哪些基本假定？聚合速率与引发剂浓度平方根成正比，是哪一种机理造成的？这一结论的局限性怎样？

15. 在自由基聚合反应中，何种条件下会出现自动加速现象？试分析其产生的原因及抑制的方法？

16. 什么是诱导期？自由基聚合反应中产生诱导期的原因？

17. 阻聚剂和缓聚剂有什么不同？氧的存在对自由基聚合会产生什么影响？

18. 什么是动力学链长？与聚合度的关系如何？链转移反应对动力学链长和聚合度有什么影响？

19. 以过氧化二叔丁基作引发剂，在60℃下进行苯乙烯聚合，苯乙烯溶液浓度为1.0mol/L，引发剂浓度为0.01mol/L，初期引发速率和聚合速率分别为4.0×10^{-11}mol/(L·s) 和1.5×10^{-7}mol/(L·s)。试计算初期聚合度、初期动力学链长和聚合度。(已知该温度下$C_M=8.0\times10^{-5}$，$C_I=3.2\times10^{-4}$，$C_S=2.3\times10^{-6}$；60℃下苯乙烯密度为0.887g/mL，苯的密度为0.839g/mL；设苯乙烯-苯体系为理想溶液)

20. 用过氧化二苯甲酰作引发剂，苯乙烯在60℃下进行本体聚合，试计算链引发、向引发剂转移、向单体转移三部分在聚合度倒数中所占的百分比。对聚合度有何影响？{已知该条件下 $[I]=0.04$mol/L，$f=0.80$，$k_d=2.0\times10^{-6}s^{-1}$，$k_p=176$L/(mol·s)，$k_t=3.6\times10^7$L/(mol·s)，60℃苯乙烯的密度为0.887g/mL，$C_M=0.85\times10^{-4}$，$C_I=0.05$}

21. 以偶氮二异丁腈为引发剂，醋酸乙烯酯在60℃下进行本体聚合，偶合终止占动力学终止的90%，试求所得聚醋酸乙烯酯的聚合度。{已知该条件下动力学数据为$k_d=1.16\times10^{-5}s^{-1}$，$k_p=3700$L/(mol·s)，$k_t=7.4\times10^7$L/(mol·s)，$[M]=10.86$mol/L，$[I]=0.206\times10^{-3}$mol/L，$C_M=1.91\times10^{-4}$}

22. 推导自由基二元共聚合组成微分方程时，做了哪些基本假设？

23. 说明竞聚率r_1、r_2的定义，指明理想共聚、交替共聚、恒比共聚时竞聚率数值的特征。

24. 依据以下$r_1=r_2=1$，$r_1=r_2=0$，$r_1>0$、$r_2=0$，$r_1r_2=1$等情况，说明F_1-f_1的函数关系和图像特征。

25. 为什么要控制共聚物的组成？在工业上有哪些控制方法？

26. 已知丁二烯（M_1）与丙烯腈（M_2）共聚合成丁腈橡胶，其中最常用的牌号是丁腈40（共聚物中丙烯腈单体单元含量为40%，质量分数)，其$r_1=0.3$，$r_2=0.02$。(1) 做出此共聚反应的F_1-f_1曲线；(2) 为合成丁腈40，则起始原料比为多少？(3) 为了得到组成基本均一的共聚物，应采用怎样的投料方法？

27. 为什么阳离子聚合反应一般需要在很低温度下进行才能获得高相对分子质量的聚合物？

28. 为什么阴离子聚合在适当的条件下，其活性增长链可以长期不终止而形成活性高聚物？
29. 写出以 BF_3+H_2O 为引发剂引发异丁烯聚合的反应机理。
30. 写出以 n-C_4H_9Li 为引发剂引发苯乙烯聚合的反应机理。
31. 形成活性高聚物的基本条件有哪些？活性高聚物有哪些特点与用途？
32. 齐格勒-纳塔引发剂的主要组成是什么？简述齐格勒-纳塔引发剂两主要组分对 α-烯烃、共轭二烯烃、环烯烃配位聚合在组分选择上的区别。
33. 为什么离子型聚合与配位聚合需要在反应前预先将原料和聚合容器净化、干燥、除去空气并在密封条件下进行聚合？
34. 试从单体、引发剂、反应机理、反应条件和工业实施方法等方面比较阳离子聚合、阴离子聚合、配位聚合、自由基聚合的主要差别。
35. 为什么丙烯不能采用阳离子而只能通过配位才能得到聚丙烯？
36. 氯乙烯自由基聚合时，为什么聚氯乙烯的相对分子质量与引发剂浓度无关而仅取决于聚合温度？

学习情境三

逐步聚合反应

【知识目标】

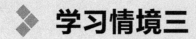

了解逐步聚合反应的特点、分类及应用；掌握线型缩聚反应机理、平衡反应及其影响因素；掌握线型缩聚反应产物相对分子质量的控制方法；掌握体型缩聚反应机理及特点；掌握体型缩聚反应凝胶点的预测方法及实际应用；了解逐步加聚反应的特点、类型及应用。

【能力目标】

能运用线型缩聚反应的基本规律确定典型工艺条件的控制方法；能运用体型缩聚反应的基本规律合理制定典型产物的制备方案；能对缩聚反应的原料配料、反应程度、聚合度、凝胶点等重要工艺参数进行必要的计算；能熟悉重要线型缩聚物与体型缩聚物的结构及其合成方法。

任务一　认识逐步聚合反应

【任务介绍】

某实验室分别在酸性和碱性条件下，利用苯酚和甲醛合成酚醛树脂，试利用单体平均官能度的理论分析判断在等物质的量时聚合反应类型及产物结构特征。

【任务分析】

利用有机化学缩合反应的基本知识，理解高聚物的逐步聚合反应特征；利用反应单体的官能团性质，正确分析单体的聚合反应类型及产物结构特征。

【相关知识】

大多数杂链高聚物都是通过逐步聚合反应合成的，是目前生产聚合物的主要方法之一。其产物大多具有高强度、高模量、耐高温等性能，在合成聚合物新产品方面起到重要作用。

一、逐步聚合反应的分类

逐步聚合反应是由单体逐步聚合成低聚体，再由低聚体聚合成高聚物的过程，包含了许多阶段性的重复反应，且每个阶段都能得到较稳定的化合物。逐步聚合反应按照基本的官能团反应类型可分为逐步缩合聚合（简称缩聚反应）和逐步加成聚合两大类。

1. 缩聚反应

缩聚反应是指含有两个或两个以上官能团的单体分子间逐步缩合聚合形成高聚物，同时有低分子副产物（如 H_2O、HX、ROH 等）析出的化学反应。其反应的实质是官能团之间发生缩合反应，如聚酯化反应、聚酰胺化反应等。

缩聚反应的类型很多，可以按不同的方法进行分类。

（1）按聚合产物大分子链的形态分类

① 线型缩聚反应　参加反应的单体都含有两个官能团，反应中形成的大分子向两个方向发展，得到线型聚合物，这类反应称为线型缩聚反应。如二元酸与二元醇反应生成聚酯；二元酸与二元胺反应生成聚酰胺等。

$$n\mathrm{HOROH}+n\mathrm{HOOCR'COOH}\longrightarrow \mathrm{H{\left[OROOCR'CO\right]}_{n}OH}+(2n-1)\mathrm{H_2O}$$

聚酯

$$n\mathrm{H_2N{-}R{-}NH_2}+n\mathrm{HOOC{-}R'{-}COOH}\longrightarrow \mathrm{H{\left(HNRNH{-}OCR'CO\right)}_{n}OH}+(2n-1)\mathrm{H_2O}$$

聚酰胺

② 体型缩聚反应　参加反应的单体必须有一种含有两个以上的官能团，形成的大分子向三个方向增长，得到体型结构的聚合物，这类反应称为体型缩聚反应。如丙三醇和邻苯二甲酸酐的反应、苯酚与甲醛等的反应。这类反应除了按照线型方向进行链增长外，侧基也参加缩聚而形成体型结构，往往分阶段进行，产物为热固性聚合物。通式可表示为：

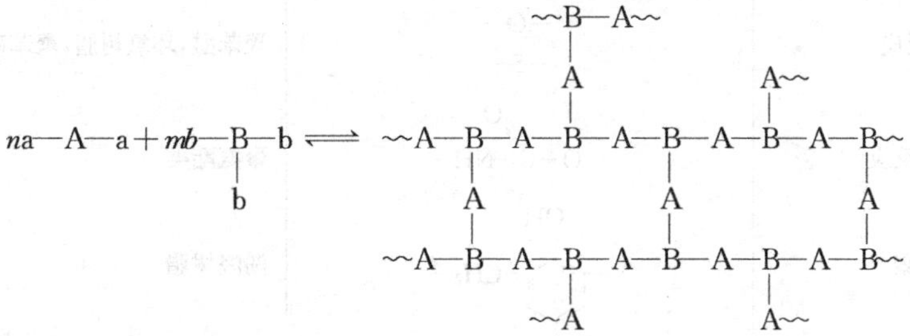

（2）按参加反应的单体数目分类

① 均缩聚　只有一种单体参与的缩聚反应，其重复结构单元中只含有一种结构单元。该单体必须含有两种可以发生缩合反应的官能团。如 ω-氨基酸、ω-羟基酸的缩聚反应。

$$n\mathrm{H_2N{-}R{-}COOH}\longrightarrow \mathrm{H{\left[NH{-}R{-}CO\right]}_{n}OH}+(n-1)\mathrm{H_2O}$$

$$n\mathrm{HORCOOH}\rightleftharpoons \mathrm{H{\left[ORCO\right]}_{n}OH}+(n-1)\mathrm{H_2O}$$

② 混缩聚　两种分别带有不同官能团的单体进行的缩聚反应，其重复结构单元中含有两种结构单元。如前面提到的二元酸与二元醇、二元胺与二元酸的反应。

③ 共缩聚　在均缩聚中加入第二单体或在混缩聚中加入第三甚至第四单体进行的缩聚反应。与自由基共聚合反应相类似，按各种单体相互连接的方式也分为无规共聚物、交替共缩聚物及嵌段共缩聚物。如乙二醇与对苯二甲酸缩聚成涤纶，加入第三种单体丁二醇，可降低涤纶的结晶度和熔点，从而增加其柔性。

（3）按聚合反应热力学分类

① 平衡缩聚　又称可逆缩聚，通常指平衡常数小于 10^3 的缩聚反应，指聚合过程中生成的聚合物可被反应中伴生的小分子化合物降解，单体小分子与聚合物大分子之间存在可逆平衡的逐步聚合反应。如二元酸与二元醇间的酯化反应：

$$n\text{HOOC—R—COOH} + n\text{HO—R}'\text{—OH} \underset{\text{水解}}{\overset{\text{聚合}}{\rightleftharpoons}} \text{HO}\!\left(\text{OC—R—CO—O—R}'\text{—O}\right)_n\text{H} + (2n-1)\text{H}_2\text{O}$$

② 不平衡缩聚　又称不可逆缩聚，通常指平衡常数大于 10^3 的缩聚反应，指聚合反应过程中生成的聚合物分子之间不会发生交换反应，单体分子与聚合物分子之间不存在可逆平衡，即不存在化学平衡，如二元酰氯和二元胺或二元醇的缩聚反应。这类反应多使用高活性单体或采取其他办法来实现。近年来，对这类缩聚的研究有了迅速的发展，特别是在合成耐高温缩聚物中它已成为一种重要手段。

(4) 按缩聚反应后形成的键合基团分类

根据缩聚反应的单体官能团之间反应所生成键合基团的种类不同，可以分为聚酯化反应、聚酰胺化反应、聚醚化反应和聚硅氧烷化反应等。具体分类及常见的典型产品见表 3-1。

表 3-1　缩聚物中常见的键合基团

反应类型	键合基团	典型产品
聚酯化反应	—C(=O)—O—	涤纶，聚碳酸酯，不饱和聚酯，醇酸树脂
聚酰胺化反应	—C(=O)—NH—	尼龙 6，尼龙 66，尼龙 1010，尼龙 610
聚醚化反应	—O— —S—	聚苯醚，环氧树脂，聚苯硫醚，聚硫橡胶
聚氨酯化反应	—O—C(=O)—NH—	聚氨酯类
酚醛缩聚	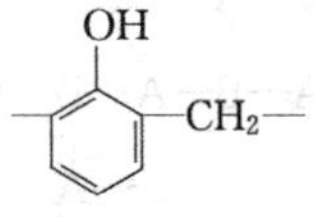	酚醛树脂
脲醛缩聚	—NH—C(=O)—NH—CH₂—	脲醛树脂
聚烷基化反应	$\left[\text{CH}_2\right]_n$	聚烷烃
聚硅醚化反应	—Si(—)(—)—O—	有机硅树脂

2. 逐步加成聚合

单体分子通过反复加成，在分子间形成共价键，逐步生成高聚物的反应，称为逐步加聚反应，也称聚加成反应。与缩聚反应存在明显不同，在聚合物形成的同时没有小分子副产物析出，且反应多数是不可逆的。通过逐步加聚反应可获得含有氨基甲酸酯（—NHCOO—）、硫脲（—NHCSNH—）、脲（—NHCONH—）、酯、酰胺等键合基团的高聚物，其中最典型的是由二异氰酸酯和二元醇加成聚合形成聚氨酯的反应：

$$\text{O=C=N—R}^1\text{—N=C=O} + n\text{HO—R}^2\text{—OH} \longrightarrow \left[\text{C(=O)—NH—R}^1\text{—NH—C(=O)—O—R}^2\text{—O}\right]_n$$

聚氨基甲酸酯（简称聚氨酯）

在上述反应中，醇的活性氢最后加成到异氰酸酯基的氮原子上，属于逐步聚合机理。调节反应原料二异氰酸酯和二元醇的种类及摩尔比等因素，可以生产出品种多样的聚氨酯，广泛用作聚氨酯弹性体、黏合剂、涂料、人造革（PU革）、医用高分子等。

除了以上两大类逐步聚合反应外，还有一些重要的聚合反应在机理上也属于逐步聚合反应。环状单体的开环聚合反应，如己内酰胺，以水作催化剂可开环聚合为聚酰胺，反应中链的增长过程具有逐步性的特征。Diels-Alder加成聚合反应，如将某些共轭双烯加热生成环状二聚体，然后继续生成环状三聚体、四聚体直至多聚体，从而制得梯形与稠环高聚物等。

二、逐步聚合反应的特征

与连锁聚合反应相比较，逐步聚合反应的特征可归纳为以下几个方面。

1. 属于官能团之间的反应

逐步聚合反应是通过单体官能团之间的反应逐步进行的，大分子链的形成过程中无明显的基元反应，每一步反应的速率和活化能大致相同。反应体系始终由单体、低聚物及相对分子质量递增的一系列中间产物所组成。

2. 平均相对分子质量与反应时间的关系

逐步聚合反应是单体分子经过一系列缩合反应逐步完成的，随着聚合反应时间的增长，聚合物的相对分子质量将逐渐增大，越到反应后期，相对分子质量增加越快。关系曲线如图3-1所示。

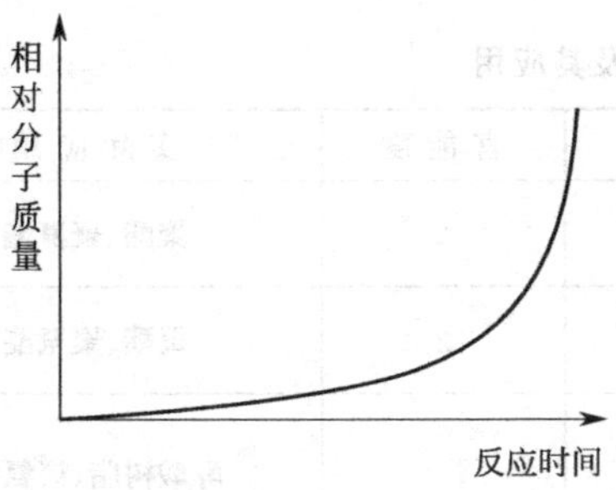

图3-1 相对分子质量与反应时间关系曲线

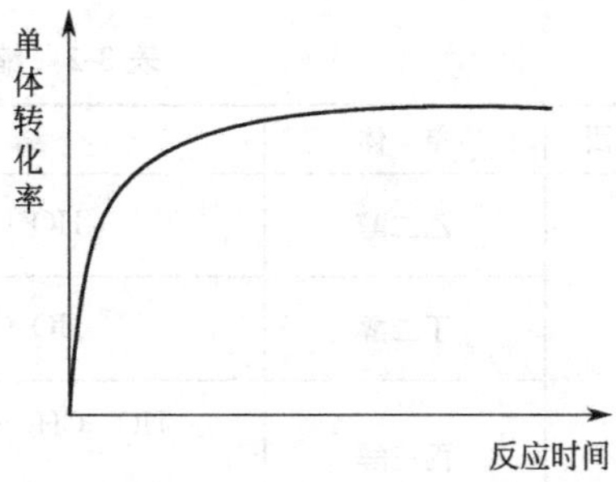

图3-2 单体转化率与反应时间关系曲线

3. 单体转化率与反应时间的关系

大量实验表明，逐步反应发生后，大部分单体参与反应，单体会很快消失而转变成为低聚体，即单体转化率在很短时间内就急剧增加，达到较高值，但随后只是残余单体的转化，变化不大。关系曲线如图3-2所示。

三、逐步聚合反应的实际应用

逐步聚合反应在高分子合成中占有非常重要的地位，广泛用于合成工程塑料、纤维、橡胶、黏合剂和涂料等，具有很高工业价值。如聚酰胺、聚酯、酚醛树脂、脲醛树脂、氨基树脂、醇酸树脂、不饱和聚酯、环氧树脂、硅橡胶、聚硫橡胶、呋喃树脂、聚碳酸酯等都是通过逐步缩聚反应得到的；如聚苯醚、聚酰亚胺、聚苯并咪唑等许多带有芳杂环的耐高温聚合物也是由逐步聚合制备而得；如聚氨酯、尼龙6及许多梯形聚合物等是通过逐步加成聚合反应得到的。绝大多数天然高分子也都是缩聚物，如蛋白质是通过各种 α-氨基酸经酶催化缩聚而得，淀粉、纤维素是由糖类化合物缩聚而成，核酸（DNA 和 RNA）也是由相应的单体缩聚而成等。

四、逐步聚合反应的单体

逐步聚合反应的基本特点是反应发生在单体所携带的官能团上，常见的能发生逐步聚合反应的官能团有—OH、—NH_2、—COOH、酸酐、—COOR、—COCl、—H、—Cl、—SO_3、—SO_2Cl 等。参加反应的单体分子中至少含有两个或两个以上官能团，官能团的性质、数目决定聚合产物的结构，也对聚合反应有重要的影响。

1. 单体的官能度与平均官能度

（1）单体的官能度

一个单体分子中能够参加反应的官能团数目称为官能度，用 f 表示。大多数单体分子官能度与所含官能团的数目相同，个别单体官能度随反应条件不同而不同。如乙二醇含有两个羟基，其官能度为 $f=2$；苯酚则随着反应条件不同官能度不同，苯酚在进行酰化反应时，只有一个羟基参加反应，官能度为 $f=1$；而当苯酚与醛类进行缩合时，参加反应的是羟基的邻、对位上的 3 个活泼氢原子，此时官能度为 $f=3$；又如丙三醇与邻苯二甲酸酐反应制备醇酸树脂时，反应开始时，由于伯羟基活性比仲羟基的高，实际参与反应的只有两个伯羟基，此时丙三醇的官能度为 $f=2$，得到的是线型产物，但随着反应的继续进行，仲羟基也参与反应，则丙三醇的官能度为 $f=3$，得到的是交联产物。常见单体的官能度见表 3-2。

表 3-2　缩聚反应常用单体及其应用

官能团	单体	结构式	官能度	实际应用
醇 —OH	乙二醇	$HO-(CH_2)_2-OH$	2	聚酯、聚氨酯
	丁二醇	$HO-(CH_2)_4-OH$	2	聚酯、聚氨酯
	丙三醇	$HO-CH_2-CH(OH)-CH_2-OH$		醇酸树脂、聚氨酯
	季戊四醇	$HO-CH_2-C(CH_2-OH)_2-CH_2-OH$		醇酸树脂
酚 —OH	苯酚	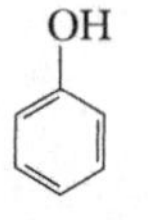	2(酸催化) 3(碱催化)	酚醛树脂
	甲酚	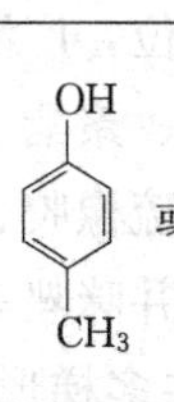 或 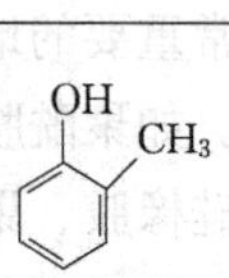	2	酚醛树脂

续表

官能团	单　体	结　构　式	官能度	实际应用
酚 —OH	间苯二酚	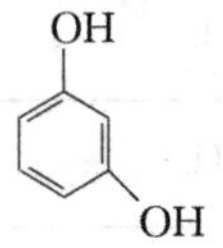	3	酚醛树脂
	2,6-二甲基苯酚	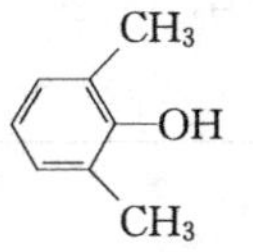	2	聚苯醚
	双酚 A	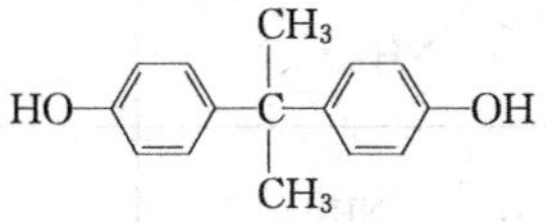	2	聚碳酸酯、聚芳砜、环氧树脂
羧酸 —COOH	己二酸	$HOOC{-}(CH_2)_4{-}COOH$	2	聚酰胺、聚氨酯
	癸二酸	$HOOC{-}(CH_2)_8{-}COOH$	2	聚酰胺
	均苯四甲酸	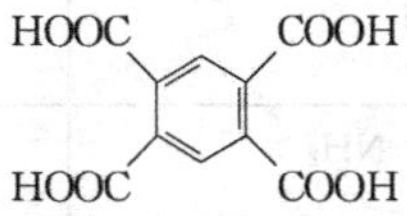	4	聚酰亚胺
	对苯二甲酸		2	聚酯
	ω-氨基十一酸	$HOOC{-}(CH_2)_{10}{-}NH_2$		聚酰胺
酸酐 —(CO)$_2$O	邻苯二甲酸酐	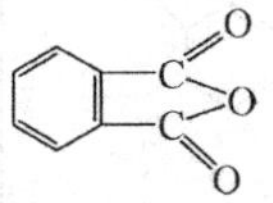	2	醇酸树脂
	均苯四甲酸酐	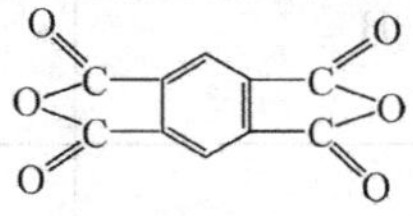	4	聚酰亚胺
	马来酸酐 （顺丁烯二酸酐）	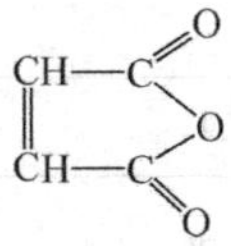	4	不饱和聚酯
酯 —COOR	对苯二甲酸二甲酯	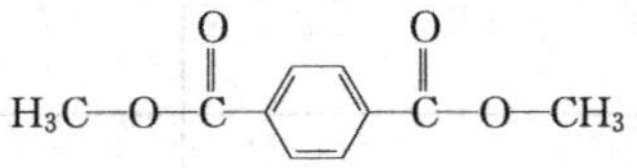		聚酯
	间苯二甲酸二苯酯	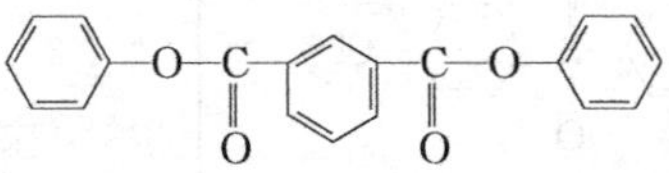	2	聚苯并咪唑
酰氯 —COCl	光气	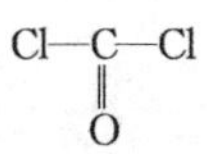	2	聚碳酸酯、聚氨酯
	己二酰氯	$ClOC{-}(CH_2)_4{-}COCl$	2	聚酰胺

续表

官能团	单体	结构式	官能度	实际应用
胺 —NH_2	己二胺	$H_2N\text{—}(CH_2)_6\text{—}NH_2$	2	聚酰胺
	癸二胺	$H_2N\text{—}(CH_2)_{10}\text{—}NH_2$	2	聚酰胺
	间苯二胺	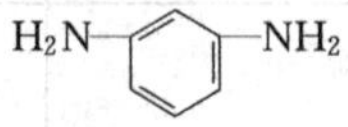	2	芳族聚酰胺
	均苯四胺	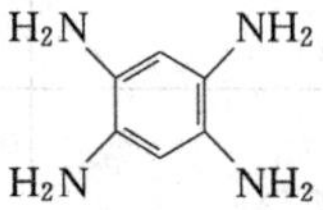	4	吡咙梯形高聚物
	三聚氰胺	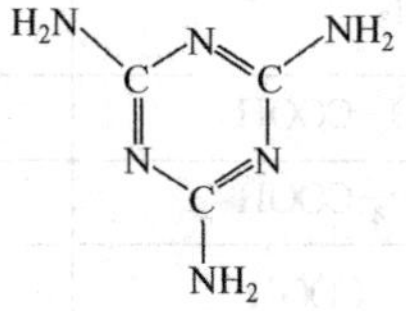	6	氨基树脂
	尿素	$H_2N\text{—}\underset{\underset{O}{\Vert}}{C}\text{—}NH_2$	2	脲醛树脂
异氰酸酯 —N═C═O	六亚甲基二异氰酸酯	$OCN\text{—}(CH_2)_6\text{—}NCO$	4	不饱和树脂
	甲苯二异氰酸酯	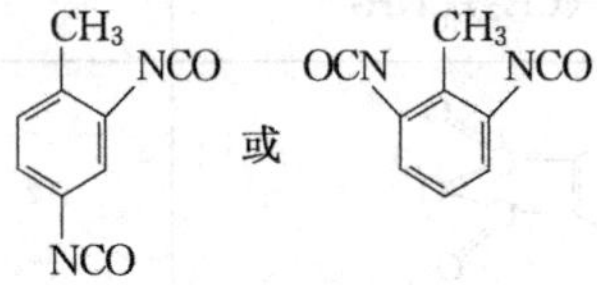	4	聚氨酯
醛 —CHO	甲醛	$H\text{—}\underset{\underset{O}{\Vert}}{C}\text{—}H$	2	酚醛树脂、脲醛树脂
	糠醛	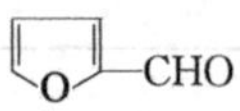	2	糠醛树脂
氯 —Cl	二氯乙烷	$Cl\text{—}CH_2CH_2\text{—}Cl$	2	聚硫橡胶
	环氧氯丙烷	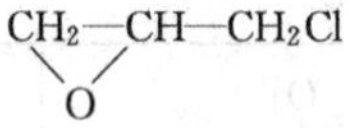	2	环氧树脂
	二氯二苯砜	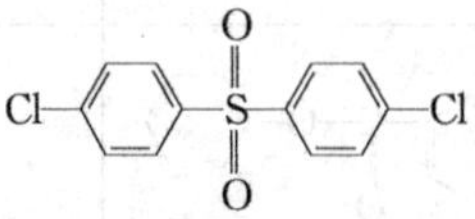	2	聚芳砜
	二甲基二氯硅烷	$Cl\text{—}\underset{CH_3}{\overset{CH_3}{Si}}\text{—}Cl$	2	聚硅氧烷

（2）单体的平均官能度

在多组分缩聚体系中，参加反应的单体含有两种或两种以上官能团，人们常用平均官能度来衡量缩聚反应体系中单体官能团的相对数目，作为评价聚合产物结构倾向的依据。

平均官能度是指缩聚反应体系中实际参加聚合反应的官能团数目相对于体系中单体分子总数的平均值，用 $\bar{f}$ 表示，可分以下两种情况来计算。

① 官能团等物质的量反应　假设聚合体系中含有 A、B 两种官能团，f_A、f_B 分别代表两种单体 A、B 的官能度，N_A、N_B 分别代表单体 A、B 的物质的量。

当 $N_A f_A = N_B f_B$ 时，平均官能度为体系中官能团总数相对于单体分子数的平均值，即：

$$\bar{f}=\frac{f_A N_A + f_B N_B}{N_A + N_B}$$

② 官能团非等物质的量反应　上述聚合体系，当 $N_A f_A \neq N_B f_B$ 时，若 $N_A f_A < N_B f_B$，缩聚反应进行的程度取决于官能团数目少的那种物质，此时的平均官能度为官能团总数少的乘以 2 除以单体分子总数，即：

$$\bar{f}=\frac{2N_A f_A}{N_A + N_B}$$

假设体系含 A、B、C 三种官能团，A、B 有同种官能团，且 $N_A f_A + N_B f_B < N_C f_C$，则平均官能度为官能团总数少的乘以 2 再除以全部的单体分子总数，即：

$$\bar{f}=\frac{2(N_A f_A + N_B f_B)}{N_A + N_B + N_C}$$

存在多种单体的缩聚体系，可采用类似的方法确定单体的平均官能度。

（3）平均官能度的应用

由上面的几个表达式可以看出，单体的平均官能度不但与单体官能度有关，还与单体配料比有关。通过单体的平均官能度数值可以直接判断缩聚反应所得产物的结构与反应类型。

当 $\bar{f} > 2$ 时，产物为支化或网状结构，属于体型缩聚反应；

当 $\bar{f} = 2$ 时，产物为线型结构，属于线型缩聚反应；

当 $\bar{f} < 2$ 时，反应体系有单官能团原料，不能生成高聚物。

【实例 3-1】 己二酸与己二胺进行官能团等物质的量的缩聚反应，则单体的平均官能度 $\bar{f}$ 为：

$$\bar{f}=\frac{2\times2+2\times2}{2+2}=2$$

说明该反应为线型缩聚反应，产物为线型结构。

【实例 3-2】 丙三醇与邻苯二甲酸酐进行官能团等物质的量缩聚反应，则单体的平均官能度 $\bar{f}$ 为：

$$\bar{f}=\frac{3\times2+2\times3}{3+2}=2.4$$

说明该反应为体型缩聚反应，产物为网状结构。

【实例 3-3】 乙二醇、丙三醇与邻苯二甲酸酐进行共缩聚反应，单体分子摩尔比为

0.05∶1.2∶1.5时，则单体的平均官能度 $\bar{f}$ 为：

先比较单体中羟基与羧基官能团的数量。含羟基（—OH）总数为 $2\times0.05+3\times1.2=3.7$；含羧基（—COOH）总数为 $2\times1.5=3$。

$$\bar{f}=\frac{2\times(2\times1.5)}{0.05+1.2+1.5}=2.18$$

说明该反应为体型缩聚反应，产物为网状结构。

2. 单体的反应能力

单体的反应能力对聚合过程反应速率、阶段控制、产物相对分子质量及结构与性能都有影响。单体通过官能团进行反应，因此，单体的反应能力直接依赖于官能团的反应活性。

（1）对聚合速率的影响

单体的反应能力对聚合反应速率有直接影响，反应能力越大聚合速率越快。如合成聚酯的反应，可通过醇类（含羟基）单体与含有羧酸、酯、酰氯或酸酐官能团的单体反应。因为醇中的羟基是带多电子原子的亲核试剂，易进攻带正电性的碳原子，反应速率将随起酰基化作用单体碳原子的正电性增强而加速。因此，活性次序由强到弱排列为酰氯＞酸酐＞羧酸＞酯。说明用二元酰氯与二元醇反应生成聚酯的速率最快，酸酐次之，然后是羧酸和酯类。可见，合成某种高聚物虽有多种工艺路线，但反应速率不同。因此，正确分析单体官能团反应能力对聚合速率的影响，是合理制定工艺路线的重要依据。

（2）对反应阶段控制的影响

在体型缩聚反应过程中，单体官能团由于所处位置及基团间相互作用或空间因素的影响，同一分子中相同官能团的活性也有一定的差别，生产中往往需要分阶段控制反应过程。如用甘油与邻苯二甲酸酐合成醇酸树脂，甘油的三个羟基相对活性不同，聚合反应先在较低温度下进行，使相对活性大的两个伯羟基反应先生成线型高聚物，再进一步提高反应温度，使活性较小的仲羟基反应最终形成体型结构高聚物。

（3）对高聚物结构和性能的影响

单体的官能团的活性直接影响聚合产物的结构和性能。如用对苯二胺和对苯二甲酰氯合成聚对苯二甲酰对苯二胺，缩聚产物为结晶性高聚物，只溶解于浓硫酸中，不溶解于有机溶剂中；用间苯二胺与间苯二甲酰氯合成的聚间苯二甲酰间苯二胺，缩聚产物为非结晶性高聚物，可以溶解于二甲基乙酰胺等许多有机溶剂之中。

3. 单体成环与成链反应

在用二官能团单体进行缩聚反应的过程中，当单体浓度较低或链增长缓慢时，除了生成线型缩聚产物外，在链增长的同时，环化反应也会发生。如 ω-氨基酸（$H_2N—R—COOH$）或 ω-羟基酸［$HO\!-\!(CH_2)_n\!-\!COOH$］反应时，其成链产物为聚酯，成环产物为内酯。这说明在聚合反应中存在成链与成环的竞争反应，是否发生环化反应，前提条件取决于生成环的稳定性，此外还与单体的种类和反应条件有关。

（1）环的稳定性

环的稳定性取决于环的结构。三节环、四节环由于键角的弯曲，环张力最大，稳定性最差；五节环、六节环键角变形很小，甚至没有，所以最稳定，故易形成。环状物的稳定性次序为5,6＞7,12＞3,4,8～11。如果选用的单体容易形成稳定的环状产物，则对成环反应有利。

环的稳定性还与环上取代基或元素有关。虽然八元环不稳定，但若取代基或元素改变，环的稳定性会增加，如二甲基二氯硅烷水解缩聚制备聚硅氧烷，在酸性条件下，可生成稳定的八元环。通过这一方法，可纯化单体。

（2）单体的种类

如以 ω-羟基酸形成聚酯的均缩聚反应。

当 $n=1$ 时，则容易发生双分子缩合形成正交酯：

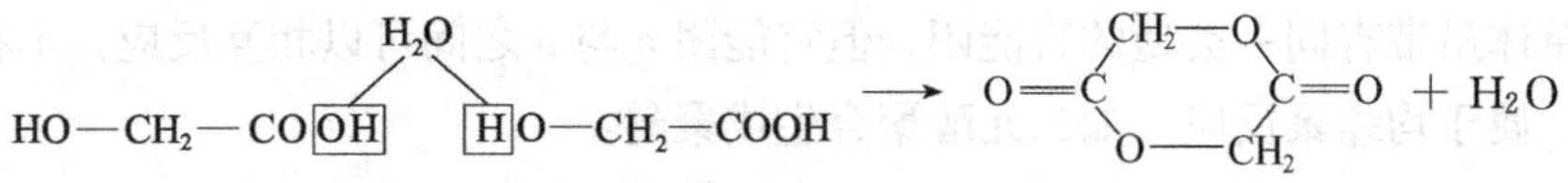

当 $n=2$ 时，则由于羟基易失水，容易生成丙烯酸：

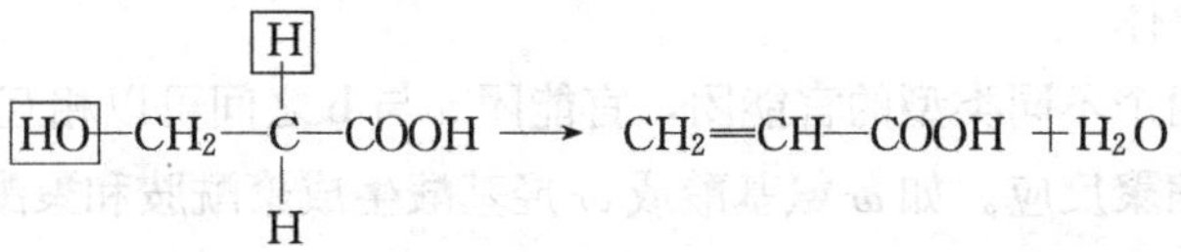

当 $n=3$ 或 $n=4$ 时，容易发生分子内缩合，形成五元环或六元环的内酯：

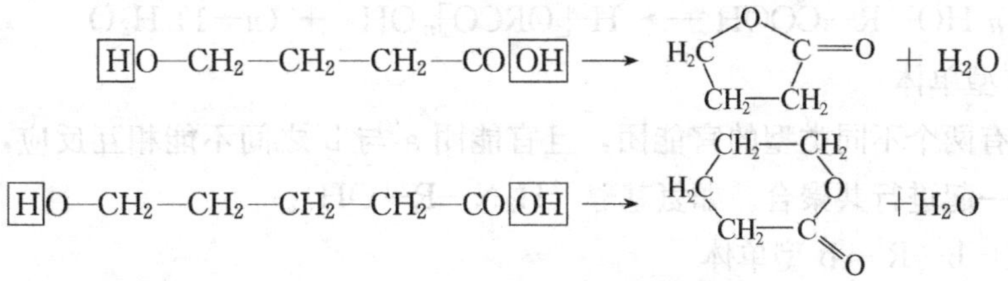

当 $n \geqslant 5$ 时，才能发生分子间的缩合而形成线型聚酯：

$$n\mathrm{HO}\text{-}[\mathrm{CH_2}]_n\text{-}\mathrm{COOH} \longrightarrow n\mathrm{H}\text{-}[\mathrm{O}\text{-}(\mathrm{CH_2})_n\text{-}\mathrm{CO}]_n\text{-}\mathrm{OH} + (n-1)\mathrm{H_2O}$$

在选择单体时必须首先考虑单体成链的可能性，以减少副反应，保证聚合过程的顺利进行。

（3）反应条件

单体浓度和聚合反应温度也会影响成链与成环反应。由于单体成环反应是分子内反应，缩聚反应是分子间反应，因此，提高单体浓度有利于单体分子间的成链反应。由于成环的活化能大于成链的活化能，所以降低反应温度易于成链反应进行。

可见，若选择 $n \geqslant 5$ 的 ω-羟基酸或 ω-氨基酸，增加单体的浓度，适当控制反应温度，有利于形成线型产物。

任务二　线型缩聚反应

【任务介绍】

某生产聚酰胺 66 的企业，要想获得相对分子质量为 20000 的产品，采用己二胺过量的办法，若反应程度为 0.998，在实施生产时应怎样选择己二胺和己二酸的配料比。

【任务分析】

利用线型缩聚反应的基本知识，理解线型缩聚反应特征及反应机理，分析影响线型缩聚反应产物相对分子质量的因素，从而能学会怎样来控制和稳定缩聚物产品的相对分子质量。

【相关知识】

一、线型缩聚反应的单体

前述，参与线型缩聚反应的单体只含两个官能团，依据官能团的反应性质可大致分为以下几种类型。

1. a—R—a 型单体

这类单体虽带有同一类型的官能团，但官能团 a 与 a 之间可以相互反应，不存在单体配料比问题，属于均缩聚反应。如二元醇聚合生成聚醚：

$$n\mathrm{HO{-}R{-}OH} \longrightarrow \mathrm{H{+}OR{+}_{n}OH} + (n-1)\ \mathrm{H_2O}$$

2. a—R—b 型单体

这类单体带有两个不同类型的官能团，官能团 a 与 b 之间可以相互反应，不存在单体配料比问题，属于均缩聚反应。如 ω-氨基酸或 ω-羟基酸生成聚酰胺和聚酯的反应：

$$n\mathrm{H_2N{-}R{-}COOH} \longrightarrow \mathrm{H{+}HNRCO{+}_{n}OH} + (n-1)\ \mathrm{H_2O}$$

$$n\ \mathrm{HO{-}R{-}COOH} \longrightarrow \mathrm{H{+}ORCO{+}_{n}OH} + (n-1)\ \mathrm{H_2O}$$

3. a′—R—b′型单体

这类单体带有两个不同类型的官能团，且官能团 a′与 b′之间不能相互反应，此种单体只能与其他单体一起进行共聚合。如氨基醇（$\mathrm{H_2N{-}R{-}OH}$）。

4. a—R—a ＋ b—R′—b 型单体

这类单体各自带有两个同一类型的官能团，官能团 a 与 a 之间及官能团 b 与 b 之间都不能相互反应，但官能团 a 与 b 之间可以相互反应，存在单体配料比问题，属于混缩聚反应。如二元胺和二元羧酸聚合生成聚酰胺：

$$n\ \mathrm{H_2N{-}R{-}NH_2} + n\ \mathrm{HOOC{-}R'{-}COOH} \longrightarrow \mathrm{H{+}HNRNH{-}OCR'CO{+}_{n}OH} + (2n-1)\ \mathrm{H_2O}$$

二、线型缩聚反应的特征

缩聚反应的实质是单体带有可发生缩合反应的官能团而发生的聚合过程，体现出机理上的逐步性，此外，还具有可逆性和复杂性的特征。

1. 逐步性

缩聚反应的链增长是逐步进行的。首先单体因参加反应很快消失，缩合生成低聚物（二聚体、三聚体等），生成的低聚体既可以与单体发生缩合反应，也可相互之间发生缩合反应，生成更高聚合度的聚合物，形成了单体与单体之间、单体与低聚物之间以及低聚体与低聚体之间的链增长过程。因此，单体转化率在反应一开始就急剧增加，随后变化不大，而缩聚物的相对分子质量却随反应时间的延长而逐步增加，显示出逐步的特征。如若以 a—A—a 和 b—B—b 表示两种聚合单体，官能团 a 和 b 可相互发生缩合反应，以 a—AB—b 表示二聚体、a—ABA—a 或 b—BAB—b 表示三聚体等，逐步反应过程可表示如下：

$$\mathrm{aAa + bBb \rightleftharpoons aABb + ab}$$

$$\mathrm{aABb + aAa \rightleftharpoons aABAa + ab}$$

$$\mathrm{aABb + aABb \rightleftharpoons aABABb + ab}$$

反应通式可写成： $\mathrm{a{+}AB{+}_{m}b} + \mathrm{a{+}AB{+}_{n}b} \rightleftharpoons \mathrm{a{+}AB{+}_{m+n}b} + \mathrm{ab}$

2. 可逆性

大多数线型缩聚反应是可逆平衡反应。可逆程度有差别，通常用平衡常数来衡量。当缩聚反应进行到一定程度时，大分子链生长过程逐步停止，进入缩聚平衡阶段。此时，缩聚物的相对分子质量不再随反应时间的延长而增加。要使产物的相对分子质量增加，必须将体系中形成的小分子副产物不断移出，打破原有的平衡，使反应向生成聚合物的方向进行。但由于高分子链的不断生成，使体系黏度不断增大，致使低分子副产物不易排出，因此，缩聚物的相对分子质量总是低于加聚产物。

3. 复杂性

在缩聚反应过程中，与大分子链增长的同时，往往伴有环化反应、官能团消去、化学降解、链交换反应等一些副反应，使缩聚反应变得较为复杂。

(1) 官能团的消去反应

主要包括二元羧酸的脱羧反应、二元胺的脱氨反应等。在合成聚酯时，所用单体中的二元羧酸在高温受热易发生脱羧反应：

$$HOOC(CH_2)_nCOOH \longrightarrow HOOC(CH_2)_nH + CO_2$$

发生官能团的消去反应将引起原料官能团摩尔比的变化，从而影响缩聚产物的聚合度。在生产中，可选择热稳定性比羧酸好的羧酸酯代替二元酸来制备聚酯。在合成聚酰胺时，所用单体中的二元胺也有可能进行分子内或分子间的脱氨反应。

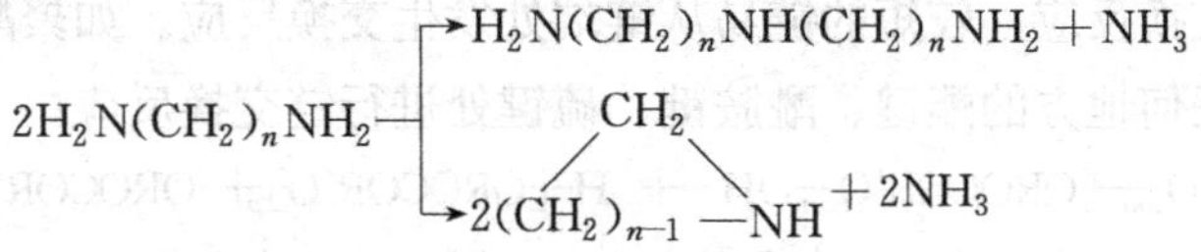

(2) 化学降解反应

可逆缩聚反应的逆反应实质就是发生了高聚物的化学降解。典型的是聚酯和聚酰胺的可逆反应，在高分子链增长的同时，低分子的单体原料如醇、酸、胺及水可使聚酯、聚酰胺等大分子链发生醇解、酸解、胺解、水解等降解反应。

① 醇解反应

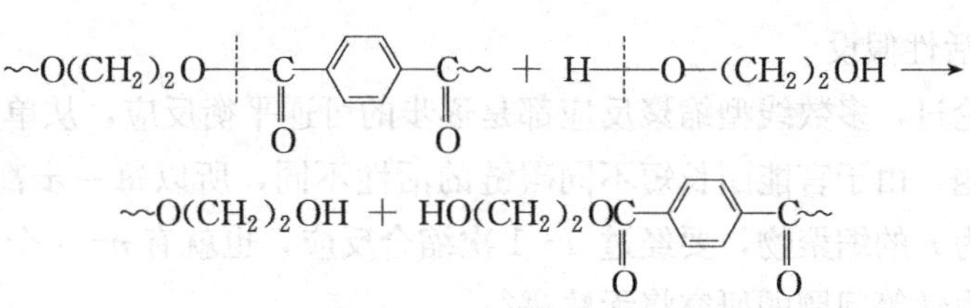

② 酸解反应

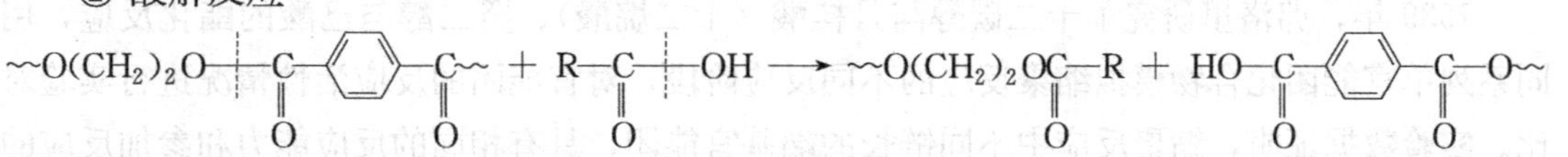

③ 胺解反应

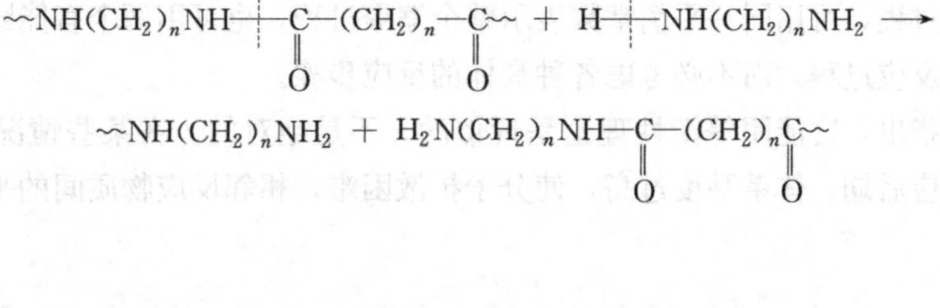

④ 水解反应

$$\sim NH(CH_2)_n NH \!-\!\! C(CH_2)_n\!-\!C\sim \; + \; H \!-\! OH \longrightarrow$$
$$\underset{O}{\qquad} \underset{O}{\qquad}$$

$$\sim NH(CH_2)_n NH_2 \; + \; HO\!-\!C\!-\!(CH_2)_n C\sim$$
$$\underset{O}{\qquad} \underset{O}{\qquad}$$

$$\sim O(CH_2)_2 O \!-\! C\!\!-\!\!\bigcirc\!\!-\!\!C\sim \; + \; H\!-\!OH \longrightarrow$$
$$\underset{O}{\qquad} \underset{O}{\qquad}$$

$$\sim O(CH_2)_2 OH \; + \; HO\!-\!C\!\!-\!\!\bigcirc\!\!-\!\!C\!-\!O\sim$$
$$\underset{O}{\qquad} \underset{O}{\qquad}$$

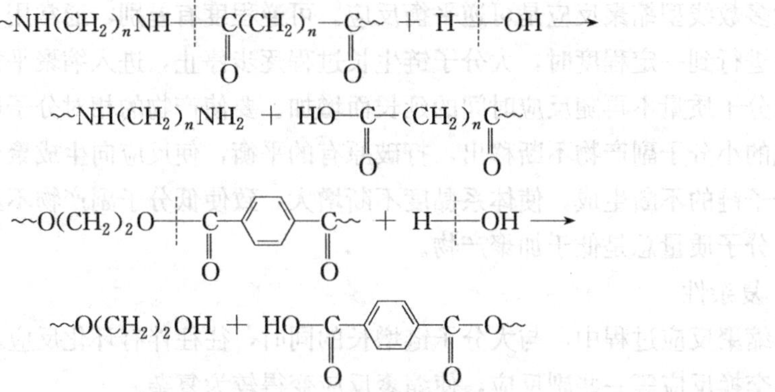

由上可见，链的降解反应造成缩聚反应产物相对分子质量降低，不仅在聚合反应中发生，在树脂的成型加工中也有可能发生。因此，热塑性聚酯、聚酰胺等在熔体成型加工前必须进行干燥处理。但有时也可以利用降解反应回收利用高聚物，变废为宝。如在合成酚醛树脂中，一旦交联固化，可加入过量的酚，使之酚解成为低聚物，可回收利用。

（3）链交换反应

缩聚反应中，一个分子中的端基可以与另一大分子中间的弱键进行链交换反应，其实质上是化学降解。此外，两个大分子也可在中间基团键处进行链交换反应。通常是较长的链易从链中间断裂进行交换反应，较短的链易从链端处发生交换反应。如聚酯、聚酰胺、聚硫化物的两个分子可在任何地方的酯键、酰胺键、硫键处进行链交换反应。

$$H\!-\![OROCOR'O]_m\![OROCOR'O]_n OH \; + \; H\!-\![OROCOR'O]_p\![OROCOR'O]_q\!-\!OH \longrightarrow$$
$$H\!-\![OROCOR'O]_m\![OROCOR'O]_q OH \; + \; H\!-\![OROCOR'O]_p\![OROCOR'O]_n OH$$

链的交换反应结果使长链变短，短链变长，既不增加又不减少官能团数目，也不影响体系中分子链的数目，缩聚产物相对分子质量分布更均一，同时，如果不同聚合物进行链交换反应，可形成嵌段缩聚物。

三、线型缩聚反应机理

1. 官能团等活性假设

前面已经讨论过，多数线型缩聚反应都是逐步的可逆平衡反应，从单体到高聚物每步反应都存在平衡问题，由于官能团长短不同碳链的活性不同，所以每一步都有不同速率常数。如产物的聚合度为 n 的缩聚物，要经过 $n-1$ 次缩合反应，也就有 $n-1$ 个平衡常数，这造成对反应平衡及动力学等问题的研究将无法进行。

1939 年，弗洛里研究了十二碳醇与月桂酸（十二烷酸）、癸二醇与己酸的酯化反应，用同系列单官能团化合物模拟缩聚反应的不同反应阶段，对官能团的反应活性情况进行实验对比。实验数据证明，缩聚反应中不同链长的端基官能团，具有相同的反应能力和参加反应的机会，即官能团的反应活性与链长无关，这就是缩聚反应中官能团等活性假设。这一理论大大简化了研究过程，可用同一平衡常数表示整个缩聚过程，也可用两个官能团之间的反应来描述整个缩聚反应过程，而不必考虑各种具体的反应步骤。

弗洛里也指出，官能团等活性理论是近似的，不是绝对的。在某些情况下有很大的偏差，如缩聚反应后期，体系黏度过高，使分子扩散困难，相邻反应物质间的平衡浓度受到影响，官能团的活性和反应速率会受到一定的影响。

2. 线型缩聚反应的平衡

在一定温度下，可逆反应正逆反应进行的程度，可以用平衡常数 K 来表示。如聚酯反应，用 k_1，k_{-1} 分别代表正、逆反应的速率常数，则反应式可写成如下形式：

$$—OH+—COOH \underset{k_{-1}}{\overset{k_1}{\rightleftharpoons}} —OCO—+H_2O$$

根据官能团等活性假设，每一步反应的正、逆反应速率常数不变，即可以用一个平衡常数 K 代表整个反应特征，用官能团的浓度表示分子的浓度，则聚酯反应的平衡常数为：

$$K=\frac{k_1}{k_{-1}}=\frac{[—OCO][H_2O]}{[—OH][—COOH]}$$

根据平衡常数的大小可将线型缩聚反应大致分为三类：

① 平衡常数较小的反应　如聚酯反应，$K\approx4$，低分子副产物水的存在对缩聚产物的聚合度影响很大，应设法除去；

② 平衡常数中等的反应　如聚酰胺反应，$K\approx300\sim700$，低分子副产物水对缩聚产物的聚合度影响不大；

③ 平衡常数很大的反应　如聚砜和聚碳酸酯一类的合成反应，平衡常数一般在几千以上，可看作是不可逆反应。

四、线型缩聚物的聚合度

1. 线型缩聚物的聚合度与相对分子质量的关系

对于线型缩聚反应，可通过 $\overline{X}_n$ 计算缩聚物的平均相对分子质量（$\overline{M}_n$），关系式为：

$$\overline{M}_n=M_0\overline{X}_n+M_{端}$$

式中，M_0 代表重复结构单元的平均相对分子质量。对于均缩聚反应是指重复结构单元相对分子质量；若两种单体参加混缩聚或共缩聚，$M_0=M/2$；若三种单体参加的混缩聚或共缩聚，$M_0=M/3$。$M_{端}$ 代表缩聚产物大分子端基的相对分子质量。

如聚对苯二甲酸乙二酯

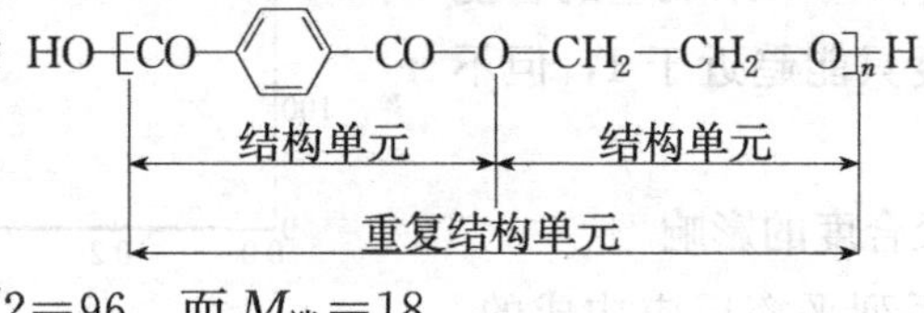

其 $M=192$，$M_0=192/2=96$，而 $M_{端}=18$。

2. 影响聚合度的因素

(1) 反应程度对聚合度的影响

反应程度指参加反应官能团的数目与初始官能团数目的比值，以 P 表示。在缩聚反应中，反应程度可以对任何一种参加反应的官能团而言，常用来描述反应进行的深度，可由实验测定。反应程度与单体转化率的含义不同，转化率是参加反应的单体量占起始单体量的分数，指已经参加反应的单体的数目，而反应程度则是指已经反应的官能团的数目。如某种缩聚反应，两个单体之间发生反应很快全部变成二聚体，则单体转化率为 100%，但却只有一半官能团已经反应掉，官能团的反应程度仅为 0.5。

平均聚合度指进入大分子链的平均单体数目（或结构单元数），以 $\overline{X}_n$ 表示。

在缩聚反应中，随着反应的进行，官能团的数目不断减少，反应程度不断增加，产物的平均聚合度也增大，即反应程度与平均聚合度之间存在一定的依赖关系。如等物质的量的二元酸和二元醇的缩聚反应，起始官能团总数（羧基数或羟基数）为 N_0，当反应平衡后，剩余的官能团数目为 N，即反应掉的官能团数为 N_0-N，此时反应程度为：

$$P=\frac{N_0-N}{N_0}=1-\frac{N}{N_0} \tag{3-1}$$

根据平均聚合度的定义：

$$\overline{X}_n=\frac{\text{单体的分子数}}{\text{生成的大分子数}}=\frac{\text{结构单元数}}{\text{大分子数}}=\frac{N}{N_0} \tag{3-2}$$

由式(3-1) 与式(3-2) 可得反应程度与平均聚合度的定量关系表达式为：

$$\overline{X}_n=\frac{1}{1-P} \tag{3-3}$$

反应程度与平均聚合度的这种关系，不论对均缩聚还是混缩聚都适用。若将一系列反应程度 P 的数值代入式(3-3)，可以得到一系列的聚合度 $\overline{X}_n$ 值：

P	0.500	0.750	0.850	0.900	0.950	0.960	0.980	0.985	0.990	0.995	0.998	0.999
$\overline{X}_n$	2	4	7	10	20	25	50	64	100	200	500	1000

从表中可以看出，在缩聚反应初期，随着反应程度的变化，聚合产物的聚合度逐渐增加，但到反应后期，聚合度会迅速增加。如当反应程度由 99.5%增加至 99.9%时，聚合度由 500 增至 1000。聚合度随反应程度的增大而增加的变化趋势如图 3-3 所示。

如涤纶、尼龙、聚碳酸酯、聚砜等缩聚物，作为材料使用时，一般要求聚合度 $\overline{X}_n\approx$ 100～200，反应程度至少要达到 0.95～0.995。因此，在缩聚反应中用反应程度表示反应进行的深度情况，而不用转化率描述。此外，大分子链端会残留两个未反应的官能团，也就是说反应程度只能趋近于 1，但不能等于 1。

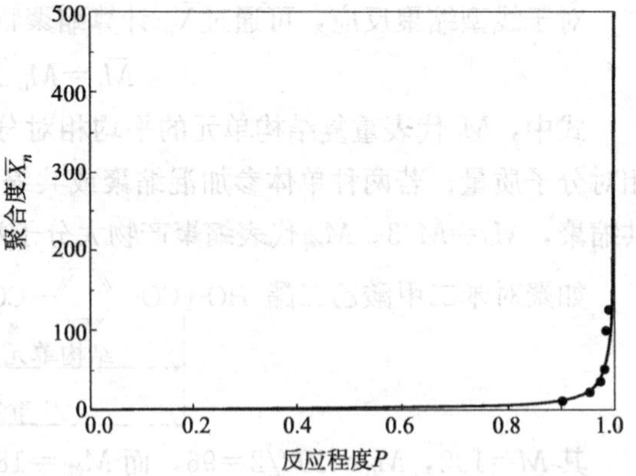

图 3-3 反应程度对产物聚合度的影响

（2）缩聚平衡对聚合度的影响

缩聚反应是由一系列平衡反应构成的，根据官能团等活性假设，可用一个平衡常数表示整个缩聚平衡反应。因此，平衡常数对 P 和 $\overline{X}_n$ 都会产生很大的影响。以聚酯可逆平衡反应（等物质的量反应）为例，设反应开始（$t=0$）时，起始官能团—COOH 和—OH 的总数各为 N_0，当反应达到平衡（$t=t_平$）时，剩余的官能团数各为 N，官能团参加反应生成酯键的数目为 N_0-N，反应所析出的小分子水的数目为 N_w，则有：

$$\sim\!\sim COOH + \sim\!\sim HO \underset{k_-}{\overset{k_+}{\rightleftharpoons}} \sim\!\sim COO \sim\!\sim + H_2O$$

$t=0$ 时	N_0	N_0	0	0
$t=t_平$ 时	N	N	N_0-N	N_w

若反应是均相体系，物料体积变化可以忽略不计时，可以用官能团数目代表官能团的浓度，则：

$$K=\frac{[\text{—OCO—}][H_2O]}{[\text{—COOH}][\text{—OH}]}=\frac{(N_0-N)\times N_w}{N^2}$$

将上式分子、分母同除以 N_0^2，得：

$$K=\frac{\frac{N_0-N}{N_0}\times\frac{N_w}{N_0}}{\left(\frac{N}{N_0}\right)^2}$$

令 $N_w/N_0=n_w$，代表反应达平衡时析出低分子物的分子分数，则上式可整理为：

$$K=\frac{P\times n_w}{(1\ \sqrt{\overline{X}_n})^2}$$

即：

$$\overline{X}_n=\sqrt{\frac{K}{P\times n_w}}\qquad(3\text{-}4)$$

由上式可见，缩聚产物的聚合度取决于反应程度及反应体系中低分子副产物的浓度。

① 密闭体系　当反应在密闭体系中进行时，由于不能排除低分子副产物，反应程度将受到聚合反应平衡的限制，等于反应中析出的小分子分数，即 $P=n_w$，式(3-4) 将转化为：

$$\overline{X}_n=\frac{1}{n_w}\sqrt{K}=\frac{1}{P}\sqrt{K}$$

说明在密闭体系中，当平衡常数一定时，缩聚反应产物的平均聚合度与低分子副产物的浓度成反比。只有当聚合反应的平衡常数特别大时（可以认为是不平衡反应），才能得到聚合度较大的产物。如聚酯化反应的平衡常数为 $K=4$，达平衡时反应程度仅为 0.67，聚合产物的聚合度只能达到 3；聚酰胺反应的平衡常数为 $K=400$，反应程度为 0.95，聚合产物的聚合度为 21，它们的聚合度均偏低，达不到实用的要求。因此，要想得到相对分子质量高的缩聚产物，必须设法除去反应体系中的小分子物质，也就是要采用开放体系。

② 开放体系　当反应在开放体系中进行时，可以将反应体系中的低分子物副产物不断地排出，打破原有的平衡体系，驱使反应向聚合反应正方向移动，可获得较高的反应程度和聚合度。通常缩聚产物的相对分子质量很大（$M>10^4$），可认为反应程度 p 趋近于 1，式(3-4) 可转化为：

$$\overline{X}_n=\sqrt{\frac{K}{n_w}}\qquad(3\text{-}5)$$

上式称为缩聚平衡方程。近似表达了平均聚合度 $\overline{X}_n$、平衡常数 K 和低分子副产物 n_w 三者之间的定量关系。由于平均聚合度与低分子副产物浓度平方根成反比，生产上，对于缩聚体系可采用减压、加热或通入惰性气体（N_2、CO_2）等措施来及时排除副产物，达到提高产物的聚合度的目的。如聚酯反应 $K\approx4$，要想得到 $\overline{X}_n>100$ 的缩聚物，要求水分残余量必须低于 4×10^{-4}mol/L，需要高真空（低于 66.66Pa）下脱水，这对聚合设备要求很高。聚酰胺化反应时，$K\approx400$，要想得到相同的聚合度，可以允许稍高的含水量（如 4×10^{-2} mol/L）和稍低的真空度；当平衡常数 K 值很大（高于 10^3），且对聚合度要求不高（几到几十）时，如可溶性酚醛树脂（预聚物），完全可以在水介质中进行缩聚反应。

五、线型缩聚产物聚合度的控制

高聚物的相对分子质量是表征聚合物性能的重要指标之一，控制线型缩聚产物的聚合度的实质就是控制产物的使用与加工性能。如涤纶的相对分子质量在2.1万～2.3万才具有较高的强度和可纺性；聚碳酸酯的相对分子质量要在2万～8万才能作为工程塑料。相对分子质量过高或过低的都得不到性能优异的高分子材料。因此在合成高聚物过程中，必须根据高分子材料的使用目的及要求，严格控制缩聚产物的相对分子质量。

通过前面的分析可知，反应程度和平衡条件是影响线型缩聚物聚合度的重要因素，理论上可以作为控制线型缩聚产物聚合度的方法，但由于反应结束后，缩聚物的大分子链端仍保留着可继续反应的官能团，使得产物在加热成型时，还会发生缩聚反应，造成最后产物的相对分子质量发生变化而影响性能。因此，控制反应程度和平衡条件都不能用作控制缩聚物聚合度的手段。

控制缩聚产物聚合度的最有效方法是：当聚合物相对分子质量达到要求时，加入官能团封锁剂，使缩聚物两端官能团失去继续反应的能力，从而达到控制缩聚物相对分子质量的目的。生产中，在官能团等物质的量的基础上，可以采用的方法有两种：一种是使参加反应的某一种单体官能团稍过量；另一种是在反应体系中加入少量单官能度物质使大分子链端基封锁。

1. 某种单体官能团稍过量

此种方法的控制原理是在获得符合使用要求的相对分子质量前提下，调节单体的量，适当偏离等物质的量，使大分子链两端带上相同官能团，从而使反应无法继续进行，得到平均聚合度稳定的高聚物，以达到控制聚合度的目的，该方法主要适用于混缩聚和共缩聚体系。

如两种单体a—A—a和b—B—b发生非等物质的量混缩聚反应，其中b—B—b稍过量。令N_a和N_b分别表示官能团a、b的起始数目，则两种单体的官能团数之比为N_a/N_b，称为摩尔系数，用γ表示。则有：

$$\gamma=\frac{N_a}{N_b}<1 \tag{3-6}$$

当a官能团的反应程度为P时，反应掉的a官能团数目为N_aP，剩余的a官能团数目为N_a-N_aP。因在反应过程中，a官能团与b官能团成对消耗，反应掉的a官能团总数与反应掉的b官能团总数相等，即$N_aP=N_bP_b$，所以剩余官能团b的总数目为N_b-N_aP，则a、b官能团的残留总数为$N_a+N_b-2N_aP$。

由于残留的官能团分布在大分子链的两端，而每个大分子有两个官能团，所以，体系中大分子总数是端基官能团数的一半，即$(N_a+N_b-2N_aP)/2$。体系中结构单元数等于单体分子数$(N_a+N_b)/2$。

根据平均聚合度的概念，则有：

$$\overline{X}_n=\frac{N_0}{N}=\frac{(N_a+N_b)/2}{(N_a+N_b-2N_aP)/2} \tag{3-7}$$

将式(3-6)代入式(3-7)整理后，得到：

$$\overline{X}_n=\frac{1+\gamma}{1+\gamma-2\gamma P} \tag{3-8}$$

式(3-8) 为平均聚合度与摩尔系数、反应程度三者之间的定量关系，存在以下两种极限情况：

① 当 $\gamma=1$ 时，即两种单体为官能团等物质的量反应时，式(3-8) 变为：

$$\overline{X}_n=\frac{1}{1-P}$$

此式与式(3-3) 相同。说明式(3-3) 应用的前提条件是官能团等摩尔比。

② 当 $P=1$ 时，即官能团 a 完全反应，式(3-8) 变为：

$$\overline{X}_n=\frac{1+\gamma}{1-\gamma} \tag{3-9}$$

若将一系列摩尔系数的数值代入式(3-9)，可以得到一系列的聚合度数 $\overline{X}_n$ 值：

γ	0.500	0.750	0.850	0.900	0.950	0.960	0.980	0.985	0.990	0.995	0.998	0.999
$\overline{X}_n$	3	7	12	19	39	49	99	132	199	399	999	1999

上表说明，b 官能团过量的越少（越趋近于等摩尔比），产物的平均聚合度越大，当 $\gamma\to 1$ 时，$\overline{X}_n\to\infty$。

2. 加入少量单官能团物质

此种方法的控制原理是在获得符合使用要求的相对分子质量前提下，在反应体系中加入少量单官能团物质，与聚合物链末端反应后将链端封锁，使链端失去了再反应的活性，适用于混缩聚和均缩聚体系。

(1) 混缩聚体系中加入单官能团物质

若单体 a—A—a 和 b—B—b 等物质的量反应，另加少量单官能团物质 C—b，N_c为单官能团物质 C—b 的分子数。此时，摩尔系数为：

$$\gamma=\frac{N_a}{N_a+2N_c}$$

当 a 官能团的反应程度为 P 时，剩余的 a 官能团数目为 N_a-N_aP，剩余官能团 b 的总数目为 N_b-N_aP，单体 a—A—a 和 b—B—b 等物质的量反应，则 $N_a=N_b$，残留 a、b 官能团的总数为 $2(N_a-N_aP)$。此时，体系中大分子总数为 $[2(N_a-N_aP)+2N_c]/2=N_a+N_c-N_aP$。体系中结构单元数等于单体分子数 $(N_a+N_b+2N_c)/2=N_a+N_c$。

平均聚合度为：

$$\overline{X}_n=\frac{N_0}{N}=\frac{N_a+N_c}{N_a+N_c-N_aP}=\frac{N_a+(N_a+2N_c)}{N_a+(N_a+2N_c)-2N_aP}=\frac{1+\gamma}{1+\gamma-2\gamma P}$$

式中，2 代表 1 分子单官能团物质 C—b 相当于一个过量单体 b—B—b 双官能团的作用。如在合成聚酰胺反应体系中，常加入少量乙酸或月桂酸来调节和控制高聚物的相对分子质量。人们常把这类单官能团物质称作相对分子质量调节剂。

(2) 均缩聚体系中加入单官能团物质

若在单体 a—R—b 反应时，加入少量单官能团物质 C—b，N_c为单官能团物质 C—b 的分子数。此时，摩尔系数为：

$$\gamma=\frac{N_a}{N_a+N_c}$$

此时，体系中的大分子数为 $N_a-N_aP+N_c$，结构单元数为 N_a+N_c。

平均聚合度为：

$$\overline{X}_n=\frac{N_a+N_c}{N_a-N_aP+N_c}=\frac{1}{1-\gamma P}$$

当 a 官能团的反应程度为 $P=1$ 时：

$$\overline{X}_n=\frac{1}{1-\gamma}$$

以上三种情况都说明，线型缩聚产物的聚合度 $\overline{X}_n$ 与反应程度 P、原料的配比 γ 密切相关，官能团的极少过量，对产物相对分子质量有显著影响。因此，在工业生产中，要合成指定相对分子质量的缩聚物，必须严格保证官能团等物质的量，也就是反应单体要保持严格的等摩尔比。但在实际生产中，原料的损失、单体的纯度、单体挥发度性能往往不同，都会影响官能团物质的量，从而影响缩聚物相对分子质量。为了制备指定相对分子质量的缩聚物，工业上往往把混缩聚变为均缩聚，这样就能解决官能团等物质的量问题。如在合成聚酰胺时，为了保证原料的等摩尔比，生产中常常采用己二酸和己二胺所形成的盐为原料［$H_3{}^+N(CH_2)_6N^+H_3{}^-OOC(CH_2)_4COO^-$］（简称 66 盐）；合成涤纶时，采用对苯二甲酸和乙二醇所形成的对苯二甲酸双羟乙酯为原料，再进行缩聚的方法，便可以保证原料官能团的等摩尔比。

【实例 3-4】 某生产聚酰胺 66 的企业，要想获得相对分子质量为 13500 的产品，采用己二酸过量的办法，若反应程度为 0.994，在实施生产时应怎样选择己二胺和己二酸的配料比。

解：当己二酸过量时，聚酰胺 66 的分子结构表达式为：

$$HO\!\!-\!\!\left[CO(CH_2)_4CONH(CH_2)_6NH\right]_{n}\!CO(CH_2)_4COOH$$

|------112------|------114------|

结构单元的平均相对分子质量为：$M_0=\dfrac{112+114}{2}=113$

端基相对分子质量为：$M_{端}=146$

由 $\overline{M}_n=M_0\,\overline{X}_n+M_{端}$ 得平均聚合度为：

$$\overline{X}_n=\frac{13500-146}{113}=118$$

当反应程度 $P=0.994$ 时，依据 $\overline{X}_n=\dfrac{1+\gamma}{1+\gamma-2\gamma P}$

$$118=\frac{1+\gamma}{1+\gamma-2\times 0.994\gamma}$$

解得：$\gamma=0.995$

结论：在生产中，只要非常严格地控制己二胺和己二酸的配料比为 0.995，就可以获得平均相对分子质量为 13500 的聚酰胺 66 产品。

六、影响缩聚反应平衡的因素

缩聚反应的平衡是动态平衡，平衡条件是影响线型缩聚物聚合度的重要因素。线型缩聚反应平衡主要受以下三个方面影响。

1. 温度的影响

温度是影响缩聚反应平衡的主要因素。温度对平衡常数的影响可用方程式表示为：

$$\ln\frac{K_2}{K_1}=\frac{\Delta H}{R}\left(\frac{1}{T_1}-\frac{1}{T_2}\right)$$

式中，T_1、T_2代表温度；K_1、K_2分别为T_1、T_2时的缩聚反应平衡常数；ΔH为缩聚反应等压热效应；R为气体常数。对于吸热反应，$\Delta H>0$。若$T_2>T_1$，则$K_2>K_1$，即温度升高，平衡常数增大。对放热反应，$\Delta H<0$。若$T_2>T_1$，则$K_2<K_1$，即温度升高，平衡常数减小。

大多数缩聚反应是放热反应，所以升高温度使平衡常数减小，缩聚产物聚合度下降，对生成高相对分子质量的产物不利。但由于缩聚反应热效应不大，一般$\Delta H=-33.5\sim41.9$kJ/mol，所以温度对平衡常数的影响不大。然而，升高温度可降低反应体系黏度，有利于低分子副产物的排除，能使平衡向形成缩聚物的方向移动，尤其是反应后期体系黏度较大时，更有实际意义。

因此，平衡缩聚反应需在高温（如150～200℃或更高）下进行，以加速达到平衡状态，缩短缩聚反应时间。但提高温度后，可能导致单体挥发、官能团化学变化、缩聚物降解等，故生产上常需通N_2、CO_2等惰性气体加以防止。不过，在较低温度下结束缩聚反应，可得到较大的聚合度，这在生产实际中却是一种重要的工艺控制方法，如图3-4所示。因此，如果反应前期在高温下进行，后期在低温下进行，就可以达到既缩短反应时间又能提高相对分子质量的目的。

2. 压力的影响

压力对高温下进行的有小分子副产物气化排出的缩聚反应有很大影响。对缩聚反应体系进行真空减压，有利于低分子副产物的排除，使平衡向形成缩聚物的方向移动。特别是对平衡常数较小的反应，如聚酯化反应，在反应后期采取真空减压操作，既可在较低温度下脱除低分子副产物，又可在较低温度下建立平衡，提高缩聚物的相对分子质量，如图3-5所示。但高真空度对设备的制造、加工精度要求严格，设备投资较大。生产上常常采用对缩聚反应体系充入惰性气体。既可起着降低分压，移出低分子副产物，使平衡向形成缩聚物的方向移动，同时，惰性气体可起着保护缩聚物不受氧化的作用，特别适用于高温缩聚反应。

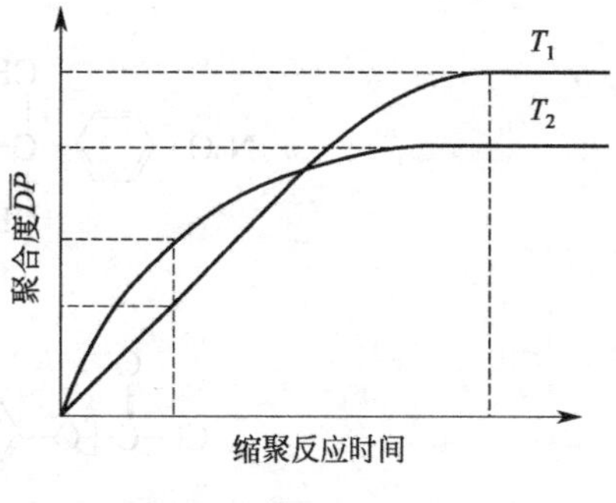

图3-4　缩聚物的聚合度与温度的关系

3. 催化剂的影响

缩聚反应是官能团之间的反应，加入催化剂不影响平衡常数，但能降低反应活化能，提高反应速率。实际生产中，经常加入少量催化剂提高反应速率，缩短缩聚反应时间。如聚酯化反应总是采用加酸催化。但加入催化剂也增加了副反应的可能性，致使产物相对分子质量降低，为了避免副反应，缩聚反应往往不加催化剂，如二元胺与二元酸的缩聚反应等。

此外，若采用溶液缩聚的方法生产缩聚物时，不同的溶剂对聚合的影响也较大。

七、不平衡缩聚反应及应用

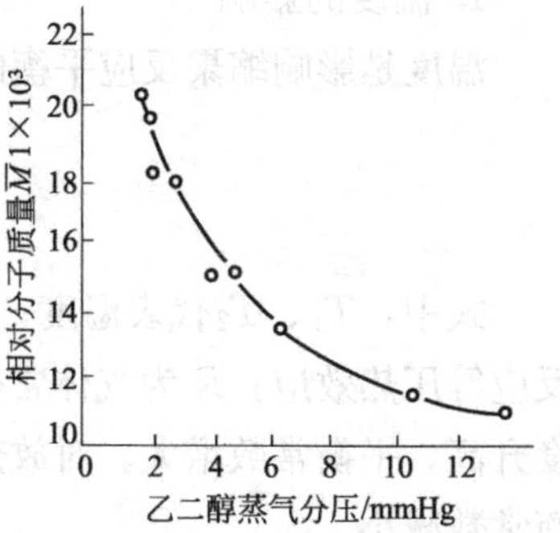

1. 不平衡缩聚反应

在缩聚反应条件下，不会发生逆反应的即为不平衡缩聚反应。一般需要很活泼的单体或特殊的反应条件。不平衡缩聚反应通常不受低分子副产物影响，即使不被排除，也不会将产物降解为低分子。由于反应物都转化为高聚物，聚合反应产率高，产物的平均相对分子质量也很大，主要取决于单体活性、原料配比、催化剂等因素，且产物的物理结构与反应条件有关。

图 3-5 真空减压对聚对苯二甲酸乙二醇酯相对分子质量的影响

(1mmHg＝133.322Pa)

2. 重要的不平衡缩聚反应

通过不平衡缩聚反应可以合成许多具有特殊结构和重要性能的高聚物，如聚碳酸酯、聚芳砜、聚苯醚、聚酰亚胺、聚苯并咪唑、吡咙、聚硅氧烷、聚硫橡胶等。

（1）聚碳酸酯（PC）

聚碳酸酯是用双酚 A 先与氢氧化钠反应制备双酚 A 钠盐，再与光气进行缩聚反应而制得的。由于单体活性很高，反应速率常数很大，可视为不平衡缩聚反应。

$$HO-\!\!\!\bigcirc\!\!\!-\overset{\underset{\displaystyle CH_3}{|}}{\underset{\underset{\displaystyle CH_3}{|}}{C}}-\!\!\!\bigcirc\!\!\!-OH +2NaOH \longrightarrow NaO-\!\!\!\bigcirc\!\!\!-\overset{\underset{\displaystyle CH_3}{|}}{\underset{\underset{\displaystyle CH_3}{|}}{C}}-\!\!\!\bigcirc\!\!\!-ONa +2H_2O$$

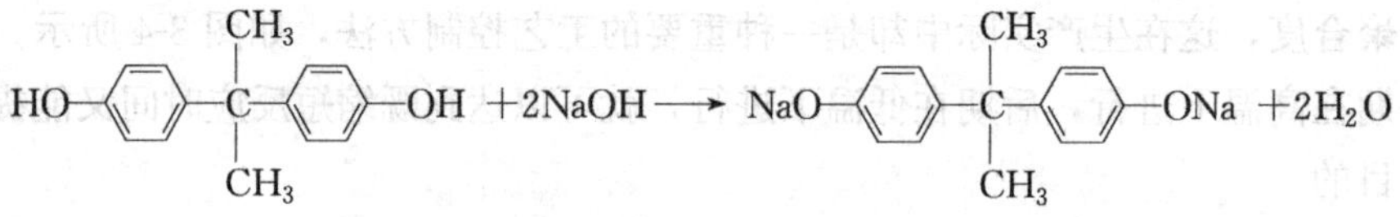

双酚 A 钠盐

$$n \ NaO-\!\!\!\bigcirc\!\!\!-\overset{\underset{\displaystyle CH_3}{|}}{\underset{\underset{\displaystyle CH_3}{|}}{C}}-\!\!\!\bigcirc\!\!\!-ONa + (n+1) \ Cl-\overset{\underset{\displaystyle}{\parallel}}{\overset{\displaystyle O}{C}}-Cl \longrightarrow$$

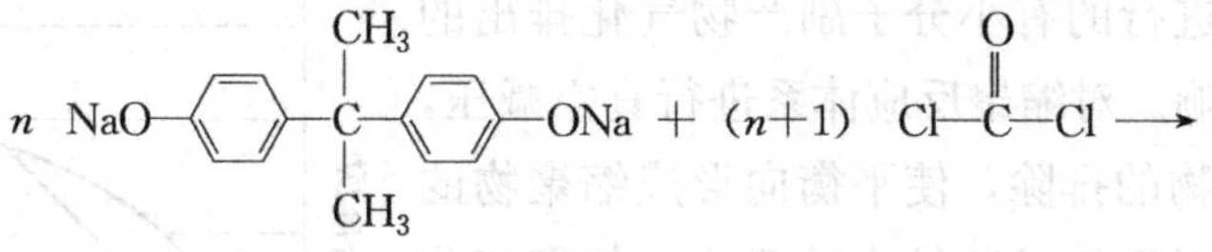

光气

$$Cl-\overset{\underset{\displaystyle}{\parallel}}{\overset{\displaystyle O}{C}}-\!\!\!\Big[O-\!\!\!\bigcirc\!\!\!-\overset{\underset{\displaystyle CH_3}{|}}{\underset{\underset{\displaystyle CH_3}{|}}{C}}-\!\!\!\bigcirc\!\!\!-O-\overset{\underset{\displaystyle}{\parallel}}{\overset{\displaystyle O}{C}}\Big]_n Cl +2nNaCl$$

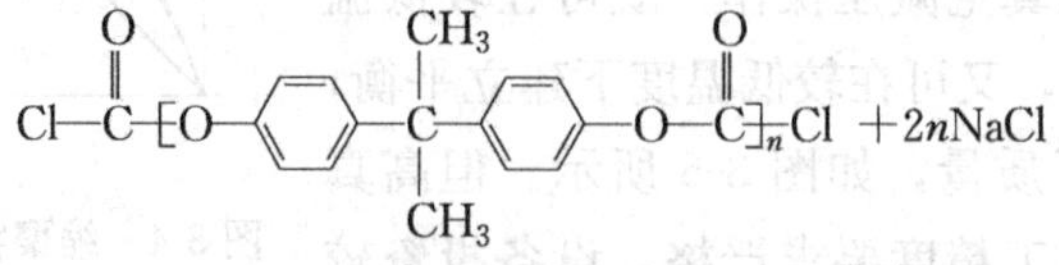

聚碳酸酯

由于主链结构引入了苯环，提高了耐热性和硬度，能在温度为 135℃ 下长期使用。具有很高的透明性、抗冲性、耐蠕变性、尺寸稳定性，是一种综合性能优良的热塑性工程塑料，可用于制作光学材料、机械部件及食品容器等。

（2）聚芳砜（PSF）

聚芳砜是用双酚 A 的钠盐与 4,4-二氯二苯砜经取代反应而制得的：

$$nNaO-\!\!\!\bigcirc\!\!\!-\overset{\underset{\displaystyle CH_3}{|}}{\underset{\underset{\displaystyle CH_3}{|}}{C}}-\!\!\!\bigcirc\!\!\!-ONa + nCl-\!\!\!\bigcirc\!\!\!-\overset{\underset{\underset{\displaystyle O}{\parallel}}{\overset{\displaystyle O}{\parallel}}}{S}-\!\!\!\bigcirc\!\!\!-Cl \longrightarrow$$

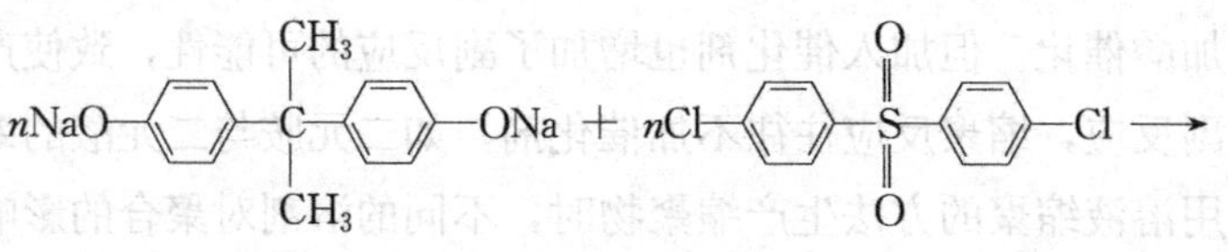

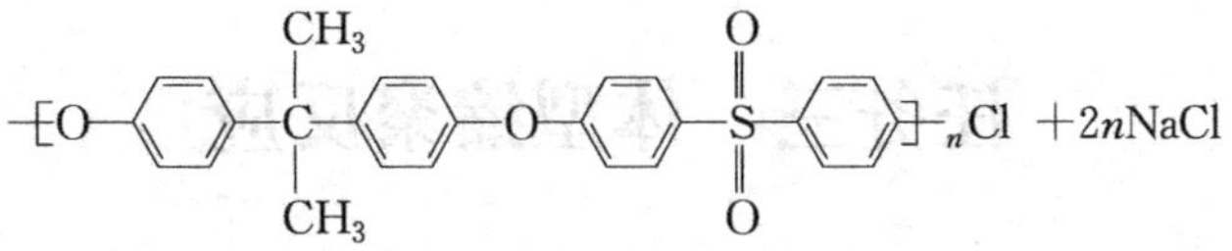

双酚 A 型聚芳砜具有优良的耐热性、电性能，能在温度为 160℃下长期使用，力学性能优良，尺寸稳定性好，成型收缩率小，但耐紫外线和耐候性较差，可用于制作精密尺寸的零部件等制品。

（3）聚苯醚（PPO）

聚苯醚是 2,6-二甲基苯酚经氧化聚合制得的：

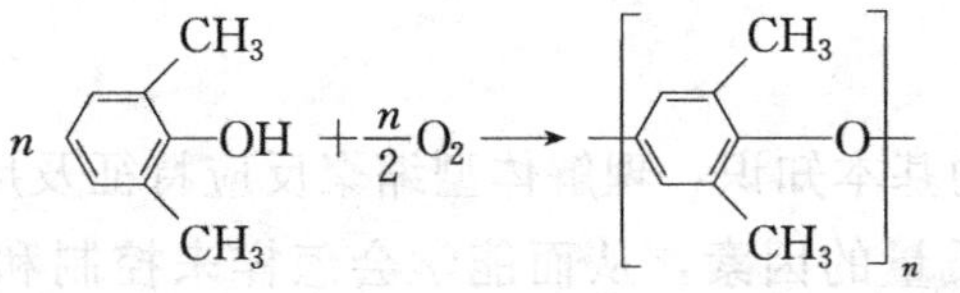

反应时，以亚铜盐和胺的复合物为催化剂，在室温下将氧通入 2,6-二甲基苯酚的溶液发生脱氢缩聚反应。聚苯醚具有较好的耐热性、耐水性、尺寸稳定性及机械强度，抗水性优异，可用于制造机械和电子零部件、绝缘材料等。

（4）聚酰亚胺

聚酰亚胺是由二氨基二苯醚和均苯四甲酸二酐为单体进行成环缩聚反应而制得的。

分两步完成反应，首先在 30～70℃下，生成可溶可熔的中间产物聚酰胺酸，然后再加热到 150℃以上，在固态下成环固化，生成不溶不熔的聚酰亚胺产品：

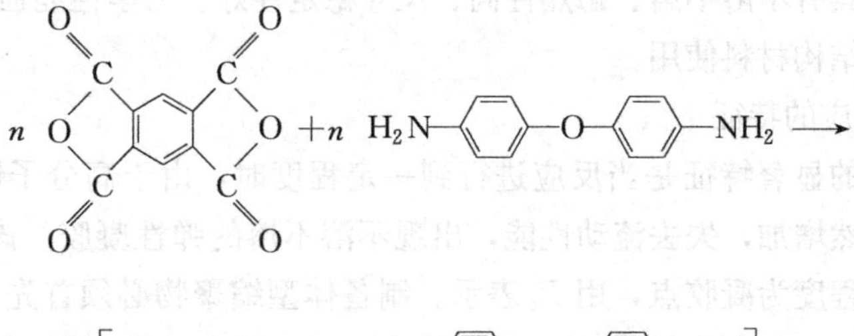

聚酰亚胺具有极好的抗溶剂能力与耐热性，可以在 300～350℃下连续使用。作为一种新型的工程塑料，聚酰亚胺发展很快，广泛用于电器、电子、运输等方面。常作为耐高温绝缘材料，用于电动机、导弹和飞机的电缆绝缘。

任务三　体型缩聚反应

【任务介绍】

某实验室研究在碱性条件下用苯酚和甲醛合成酚醛树脂，原料分别采用的摩尔比为2∶3和2∶4，预测是否会出现凝胶现象？若实际控制的反应程度为0.82，估算一下产物的平均聚合度是多少？

【任务分析】

利用体型缩聚反应的基本知识，理解体型缩聚反应特征及反应机理，分析影响体型缩聚反应产物相对分子质量的因素，从而能学会怎样来控制和稳定缩聚物产品的相对分子质量。

【相关知识】

一、体型缩聚反应及特征

1. 体型缩聚反应

在缩聚反应中，参加反应的单体只要有一种单体具有两个以上官能团，缩聚反应将向三个方向发展，生成具有支化或交联结构的体型大分子的缩聚反应称为体型缩聚，得到的产物称为体型缩聚物。体型高聚物具有三维网状结构，既不能溶解，也不能熔融，加热后也不发生软化，这种材料具有不溶不熔、耐热性高、尺寸稳定性好、力学性能强的特征，称为热固性高聚物，常作为结构材料使用。

2. 体型缩聚反应的特征

体型缩聚反应的显著特征是当反应进行到一定程度时，由于高分子链间发生了交联反应，体系的黏度突然增加，失去流动性能，出现不溶不熔的弹性凝胶，该现象称为凝胶化。出现凝胶时的反应程度为凝胶点，用 P_c 表示。制备体型缩聚物必须首先合成具有反应活性的低相对分子质量（500～5000）的线型预聚体（在反应器中进行），然后再加入固化剂或加热，使其在成型过程中固化交联，成为体型结构的缩聚产品（在模具中进行）。

二、预聚体的制备

预聚体泛指热固性高聚物在固化前的聚合物，可以是液体或固体。一般根据反应进行的程度与凝胶点比较，将体型缩聚物生产过程分为甲、乙、丙三个阶段。在凝胶点之前终止的反应产物（$P<P_c$）称为甲阶聚合物；在接近凝胶点而终止的反应产物（$P \rightarrow P_c$）称为乙阶聚合物；在凝胶点之后的反应产物（$P>P_c$）称为丙阶聚合物。一般情况下甲阶聚合物有良好的溶解性和熔融性；乙阶聚合物溶解性较差，能软化，但难熔融；丙阶聚合物已交联固化，不能溶解，也不能熔融和软化。从微观结构上看，甲阶和乙阶聚合物属于线型和支链结构，是体型缩聚反应过程的预聚体；丙阶聚合物为网状结构，是体型缩聚产物。

预聚体按其结构可分为无规预聚体和已知结构预聚体两大类。

① 无规预聚体　由某一双官能团单体与另一官能度大于2的单体进行聚合时的甲阶聚合物，要严格控制反应在凝胶点前用冷却的方法使反应停止，否则将会在反应器内生成凝胶（称“结锅”），造成生产事故，此时形成的低聚物称为无规预聚体。形成无规预聚体的典型缩聚物有酚醛树脂、脲醛树脂及醇酸树脂等。这类预聚体中未反应的官能团无规排布，经加热，可进一步反应，无规交联起来，因此，它们的固化（交联反应）主要靠温度来控制，有时需加一定压力。

② 已知结构预聚体　在缩聚反应过程中，可以比较清楚地控制预聚体分子结构，称这类预聚体为已知结构预聚体。通常是具有特定活性端基或侧基的线型低聚物，功能基的种类与数量可通过设计来合成，交联固化时，不能单靠加热来完成，需另加入催化剂或其他反应物来进行，这些加入的催化剂或其他反应物通常称为固化剂。形成已知结构预聚体的典型缩聚物有环氧树脂、不饱和聚酯树脂等。这类预聚体由于其结构确定并可设计合成，有利于获得结构与性能更优越的产品。

【实例 3-5】 碱催化法和酸催化法制备的酚醛树脂预聚物的固化过程如图 3-6 所示。

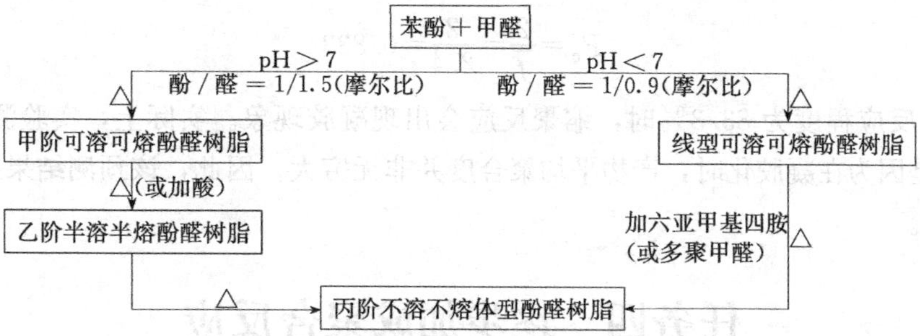

图 3-6　酚醛树脂预聚物的固化过程

三、凝胶点的预测

1. 凝胶点预测的意义

在进行体型缩聚反应时，无论是预聚物制备阶段还是交联固化阶段，凝胶点的预测和控制都很重要，是控制体型缩聚反应的重要指标。首先可以防止预聚阶段反应程度超过凝胶点而使预聚物在反应釜内发生“结锅”事故，其次在固化阶段可以合理控制固化时间，确保产品质量。如对热固性泡沫材料，要求其固化快，否则泡沫就要破灭；用热固性树脂制造层压板时，固化过快，将使材料强度降低。在实际生产中，凝胶点的出现往往在几分钟内突然发生，因此，凝胶点的控制在理论上和实际生产应用中都具有重要的意义。

2. 凝胶点预测的方法

凝胶点的预测方法有实验测定法和理论预测法两种。

（1）凝胶点的实验测定

实验方法一般是用聚合混合物中的气泡不能上升时的时间来衡量体型缩聚中的凝胶点。常用的有黏度法、差热分析法和固化板法等。凝胶时间的测定，可以为树脂基体配方及制品成型工艺条件的确定提供可靠数据。

（2）凝胶点的理论预测

理论预测常用的是 Carothers（卡罗瑟斯）理论，他认为当反应体系开始出现凝胶时，缩聚产物的平均聚合度趋于无穷大。利用此理论，可以推导出凝胶点与平均官能度的关系。

假设两种单体以等物质的量反应，体系中混合单体的起始分子总数为 N_0，反应进行到 t 时体系中残留的分子数为 N，$\overline{f}$为单体平均官能度，则反应初始官能团总数为 $N_0\overline{f}$，因反应每一步消耗 2 个官能团，所以，凝胶点以前反应消耗的官能团数为 $2(N_0-N)$。

根据反应程度的定义，t 时参加反应的官能团数除以起始官能团数即为反应程度，则有：

$$P=\frac{2(N_0-N)}{N_0\overline{f}}=\frac{2}{\overline{f}}(1-\frac{N}{N_0})=\frac{2}{\overline{f}}(1-\frac{1}{\overline{X}_n})$$

出现凝胶时，$\overline{X}_n \to \infty$，则凝胶点 P_c 可简化为：$P_c=\frac{2}{\overline{f}}$

上式称为卡罗瑟斯方程。凝胶点 P_c 的值一定小于或等于 1；一般应保留三位有效数字。

【实例 3-6】 2 mol 甘油和 3 mol 苯酐反应，体系凝胶点 P_c 为：

$$\overline{f}=\frac{2\times3+3\times2}{3+2}=2.4$$

$$P_c=\frac{2}{\overline{f}}=\frac{2}{2.4}=0.833$$

说明当反应程度为 83.3% 时，缩聚反应会出现凝胶现象。实际上，实验测定的 $P_c<0.833$，这是因为在凝胶化时，产物平均聚合度并非无穷大，因此，该预测结果会比实验测定结果略高。

任务四　逐步加成聚合反应

【任务介绍】

利用聚氨酯形成反应的原理，选择适宜的原料及反应条件，尝试制备聚氨酯泡沫塑料。

【任务分析】

通过学习逐步加聚反应的基本原理，理解聚氨酯形成反应的特征及各组分的作用，了解聚氨酯的实际应用。

【相关知识】

一、逐步加聚反应的特征

逐步加聚反应是一种不平衡缩聚反应。大分子的形成方式类似于连锁聚合，是通过单体反复加成而进行的；动力学过程和缩聚一样，随着反应时间的延长聚合产物的相对分子质量逐步增大；产物结构酷似缩聚物，但没有低分子副产物生成；高聚物的化学组成与单体的化学组成相同。典型的逐步加聚反应是聚氨酯的合成，下面我们就以聚氨酯为例介绍逐步加聚反应过程。

二、聚氨酯的形成反应

凡是在大分子链中含有氨基甲酸酯基 $-\overset{\text{H}}{\overset{|}{\text{N}}}-\overset{\text{O}}{\overset{\|}{\text{C}}}-\text{O}-$ 的聚合物统称为聚氨基甲酸酯，简称聚氨酯，英文缩写 PU。

聚氨酯是由二异氰酸酯和端羟基化合物（二羟基或多羟基）通过逐步加聚反应而生成的高聚物。反应通式为：

$$n\ \text{O}{=}\text{C}{=}\text{N}-\text{R}-\text{N}{=}\text{C}{=}\text{O} + \text{HO}-\text{R}'-\text{OH} \longrightarrow \left[\text{CO}-\text{NH}-\text{R}-\text{NH}-\text{CO}-\text{O}-\text{R}'-\text{O}\right]_n$$

1. 主要原料

制备聚氨酯所用原料种类很多，由于采用的单体种类及组成不同，可以得到结构（线型、体型）和性能不同的聚氨酯。合成聚氨酯的主要原料有异氰酸酯、低聚物多元醇、催化剂（叔胺类催化剂、金属有机化合物）、扩链剂（胺类、醇类）、助剂（增塑剂、稳定剂、防老剂、阻燃剂及发泡剂等）。

（1）异氰酸酯

异氰酸酯是指结构中含有—N═C═O 的化合物的统称。结构通式可写成：$\text{R}(\text{NCO})_n$，R 可为烷基、芳基、酯环基。合成聚氨酯材料主要使用 $n \geqslant 2$ 的异氰酸酯化合物，常用的有以下几种：

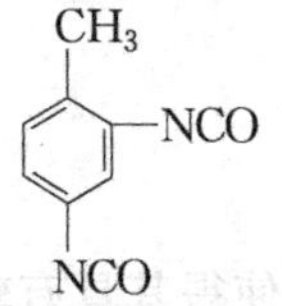

2,4-二异氰酸甲苯酯(2,4-TDI)

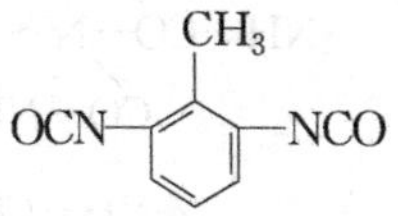

2,6-二异氰酸甲苯酯(2,6-TDI)

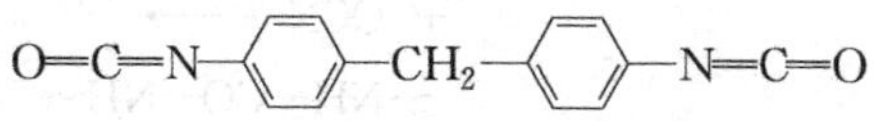

4,4′-二苯甲烷二异氰酸酯(MDI)

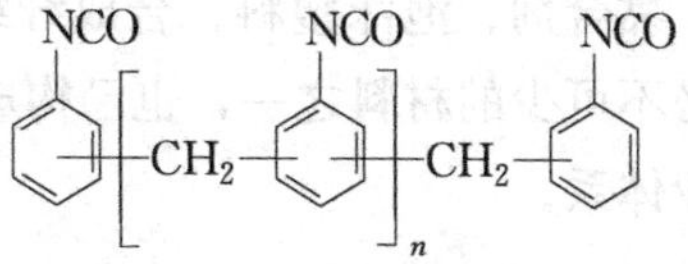

（式中，n=0,1,2,3 …）

多苯基多亚甲基多异氰酸酯（PADI）

（2）低聚物多元醇

低聚物多元醇是指在主链上含有两个或两个以上端羟基（氨基）的聚酯多元醇和聚醚多元醇的统称。

聚酯多元醇是由有机多元酸与多元醇经缩聚反应得到的。常见的二元酸有苯二甲酸或苯二甲酸酐或其酯、己二酸、卤代苯二甲酸等。多元醇有乙二醇、丙二醇、一缩二乙二醇、三羟甲基丙烷、季戊四醇、1,4-丙二醇等。使用时根据制品的用途来选择。

聚醚多元醇是由低分子量多元醇、多元胺或含活泼氢的化合物为起始剂，与氧化烯烃在催化剂作用下开环聚合而成。氧化烯烃主要是环氧丙烷、环氧乙烷，其中以环氧丙烷最为重要；多元醇有丙二醇、乙二醇、甘油、季戊四醇、木糖醇、山梨醇、蔗糖等多元醇；多元胺有二乙胺、二乙烯三胺等。

聚合反应条件不同，异氰酸酯和端羟基化合物的种类、配比不同，合成聚氨酯的结构也不同。

2. 线型聚氨酯的逐步加聚反应

(1) 预聚体的制备

用适当过量的二异氰酸酯与聚酯或聚醚多元醇反应制备分子链两端带有异氰酸酯基（—NCO）的预聚体。所得产物主要用于泡沫塑料、橡胶、弹性纤维的预聚物。

$$(n+1)\ \text{ONC—R—NCO} + \text{HO}\sim\text{OH} \longrightarrow \text{OCN}[\text{R—NH—CO—O}\sim\text{O—CO—NH}]_n\text{R—NCO}$$

(2) 扩链反应

预聚体与扩链剂（二元胺）反应，生成相对分子质量为 20000～50000 的线型聚氨酯嵌段共聚物，可用于加工聚氨酯纤维。

$$2\text{OCN}[\text{R—NH—CO—O}\sim\text{OCO—NH}]_n\text{R—NCO} + \text{H}_2\text{N—R}''\text{—NH}_2 \longrightarrow$$
$$\text{OCN}[\text{R—NH—CO—O}\sim\text{O—CO—NH}]_n\text{R—NH—CO—}$$
$$\text{NH—R}''\text{—NH—CO—NH—R}[\text{NH—CO—O}\sim\text{O—CO—NH—R}]_n\text{NCO}$$

3. 体型聚氨酯的逐步加聚反应

聚氨酯用作弹性材料时，须进行交联反应。在适当的加热、加压条件下，含异氰酸酯端基的预聚物可以与扩链后分子链中的 —NH—CO—NH— 基进行交联反应：

$$\begin{array}{c}\sim\text{NH—CO—NH}\sim \\ + \text{OCN}\sim \longrightarrow \\ \sim\text{NH—CO—NH}\sim\end{array} \qquad \begin{array}{c}\sim\text{NH—CO—N}\sim \\ \text{CO—NH}\sim\text{CO} \\ \sim\text{NH—CO—N}\sim\end{array}$$

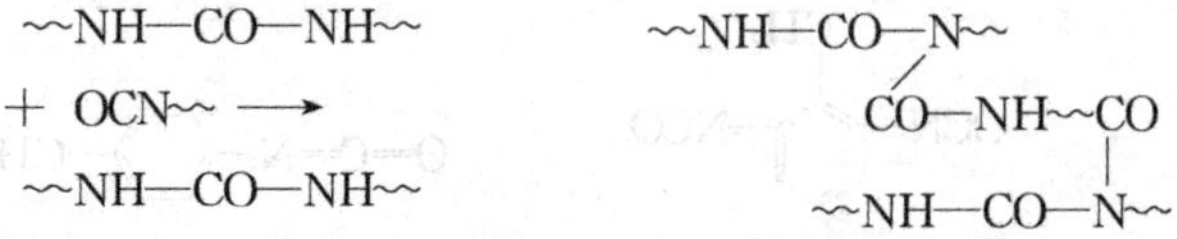

由于聚氨酯大分子结构中含有异氰酸酯端基、酯基或醚键等强极性基团，使得其具有较高的机械强度和氧化稳定性；同时含有的聚醚或聚酯链段，又使得聚氨酯具有较高的柔曲性和回弹性、优良的耐油性、耐溶剂性及耐水性。因此，聚氨酯是综合性能优异的合成树脂之一，可广泛用于人造革、涂料、黏合剂、泡沫塑料、合成纤维以及弹性体。已成为人们衣、食、住、行以及高新技术领域必不可少的材料之一，也已构成了一个多品种、多系列的材料家族，形成了完整的聚氨酯工业体系。

自我评价

1. 解释下列名词：缩聚反应、线型缩聚、体型缩聚、缩聚、混缩聚、共缩聚、平均官能度、反应程度、凝胶化现象、凝胶点。

2. 写出下列单体的聚合反应式，命名高聚物，并进行分类。

(1) $\text{NH}_2(\text{CH}_2)_6\text{NH}_2 + \text{HOOC}(\text{CH}_2)_4\text{COOH}$

(2) $\text{HO}(\text{CH}_2)_5\text{COOH}$

(3) $\text{HO—R—OH} + \text{OCN—R}'\text{—NCO}$

(4) $\text{HO}\!-\!\!\bigcirc\!\!-\!\overset{\displaystyle\text{CH}_3}{\underset{\displaystyle\text{CH}_3}{\text{C}}}\!-\!\!\bigcirc\!\!-\!\text{OH} + \text{Cl—CO—Cl}$ 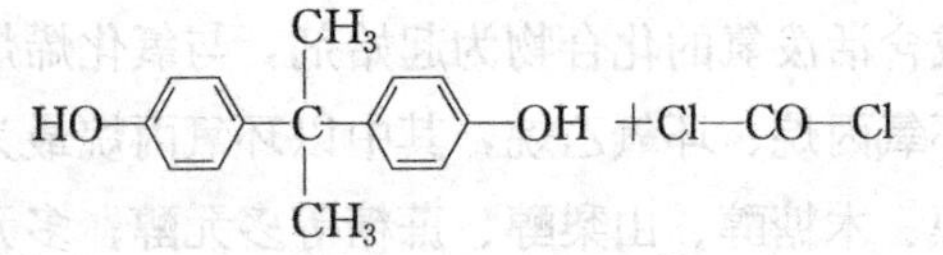

(5) 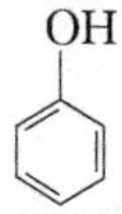 $+CH_2O$（线型聚合物）

(6) $\overline{\underline{NH(CH_2)_5CO}}$

3. 在缩聚反应中，为什么不用转化率而用反应程度描述反应过程？
4. 要想获得高相对分子质量的缩聚物的主要方法有哪些？
5. 控制线型缩聚的相对分子质量有何意义？有效控制相对分子质量的方法有哪些？能否用控制反应程度的方法控制产物的相对分子质量？
6. 等物质的量的己二酸与己二胺反应，当反应程度分别为 0.8、0.9、0.98、0.99、0.995 时，计算其对应的平均聚合度及相对分子质量。
7. 由己二酸与己二胺缩聚成聚酰胺，若产物相对分子质量为 20000，反应程度为 0.998，试计算原料比，并分析产物端基是什么基团。
8. 对苯二甲酸和乙二醇进行聚合反应得到聚酯，试求：

   (1) 对苯二甲酸和乙二醇等摩尔比反应，聚合度为 100 时的反应程度为多少？

   (2) 当平衡常数 $K=4$ 时，要得到聚合度为 100 的缩聚产物，体系中的含量水必须控制到多少？

   (3) 若对苯二甲酸和乙二醇物质的量比为 1.02∶1.00，求反应程度为 0.99 时的聚合度。
9. 等物质的量的己二酸与己二胺合成聚酰胺，要求产物的相对分子质量为 10000，反应程度为 99.5%？需要加入多少苯甲酸？
10. 计算下列原料混合物的凝胶点。

    (1) 邻苯二甲酸和甘油等物质的量；

    (2) 邻苯二甲酸和甘油物质的量比为 1.5∶0.98；

    (3) 邻苯二甲酸、甘油和乙二醇物质的量比为 1.5∶0.99∶0.02。
11. 从原料配比、预聚物结构、预聚条件及固化特性等方面来比较碱催化和酸催化酚醛树脂。
12. 合成聚氨酯常用的主要原料有哪些？为什么要先合成预聚体？

学习情境四

高聚物的化学反应

【知识目标】

了解高聚物化学反应的意义、分类及影响因素；掌握高聚物化学反应的特点及类型；掌握高聚物的基团转变及聚合度变化的类型及其应用；掌握防止高聚物老化的有效措施。

【能力目标】

能初步利用高聚物化学反应制备改性高聚物和新型高聚物；能正确选择防止高聚物老化的方法。

任务一 聚合度相似的化学反应

【任务介绍】

某研究所尝试利用高聚物的典型化学反应原理，对现有的实验原料聚乙烯进行改性，以提高其性能，请问可以采用哪几种方法？

【任务分析】

利用有机化学中化合物发生氧化、加成等化学反应的基本知识，正确理解高聚物化学反应的特征，并判别其反应类型。

【相关知识】

高聚物的化学反应是指以高聚物为反应物，在一定条件下使高聚物的化学结构和性能发生变化而进行的化学反应。

人类早在19世纪以前就利用高聚物的化学反应进行了天然高聚物的改性，如通过天然橡胶的硫化、天然纤维素的硝化与酯化，制得了橡胶、人造纤维及涂料等。近年来，随着高分子科学的不断发展，人们开始利用高聚物的化学反应根据需要合成具有指定结构、性能和用途的功能高分子材料。因此，高聚物的化学反应具有越来越重要的实际意义，受到了从事高分子科学与工程领域研究人员的高度重视。

一、研究高聚物化学反应的目的及意义

高聚物化学反应的实际应用可归纳为以下几个方面：

① 改变高聚物结构，优化其性能　通过高聚物的化学反应，可以改变高聚物的结构，

性能取决于结构，从而达到改变性能的目的，获取所需要性能的高聚物。如利用聚氯乙烯在氯苯中氯化反应可制备氯化聚氯乙烯。

② 制备新型高聚物，扩大应用范围　通过高聚物的化学反应，可以合成出用单体不能直接合成的高聚物。如利用聚醋酸乙烯酯的水解反应可制备聚乙烯醇。

③ 理论研究和验证高聚物的结构　通过高聚物的化学反应，可以判断高聚物中某种结构的存在。如利用氧化反应可判断 α-烯烃自由基聚合产物的链节连接方式多是以"头-尾"方式为主。

④ 探索高聚物的老化机理，延长使用寿命　通过高聚物的化学反应，可以探索影响老化的因素和性能变化之间的关系，从而找出防止老化的措施，这对于延长高分子材料的使用寿命具有重要的作用。如聚氯乙烯在光、热及辐射作用下很不稳定而容易老化，在成型加工中需要加入稳定剂提高其热稳定性及耐热性。

⑤ 研究高聚物的降解机理，利于废弃物的处理　通过高聚物的化学反应，研究将高聚物降解成低分子碎片的方法，解决了当前塑料制品的公害与污染问题。如利用生物降解聚乙烯，当聚乙烯大分子降解成相对分子质量低于 500 的低聚物后，可被土壤中的微生物吸收降解，具有较好的环境安全性。

⑥ 开发功能高分子材料　通过高聚物的化学反应，如高分子功能基团反应，制备高分子催化剂、高分子药物、导电高分子等功能性高分子材料。

⑦ 探索绿色高分子材料的合成　目前，人们正在从绿色化学的角度探讨高分子材料的合成及应用，这也将是高分子材料研究与开发的一个热门领域。

二、高聚物化学反应的分类与特性

1. 高聚物化学反应的分类

高聚物的化学反应种类很多，通常根据聚合度和基团的变化（侧基和端基），可分类如下。

（1）聚合度相似的化学反应

这类反应仅限于侧基或端基，即侧基或端基由一种基团转变为另一种基团，其结果改变的只是高聚物的组成而产物的聚合度基本不变，也称为高聚物的基团转变反应。如纤维素转变为硝酸纤维素、聚醋酸乙烯酯水解成聚乙烯醇等。

（2）聚合度变大的化学反应

这类反应的聚合产物聚合度会显著增加，如交联、嵌段、接枝、扩链反应等。

（3）聚合度变小的化学反应

这类反应的聚合产物聚合度会显著降低，如降解、解聚反应等。

2. 高聚物化学反应的特性

高聚物的反应能力与许多小分子化合物相似，故也会发生常见的如取代、氧化、还原、酯化、卤化及硝化等化学反应。但由于高聚物相对分子质量大、分子链长，存在着链结构和聚集态结构等特点，使其在进行化学反应时又有独特之处。主要表现在高聚物的化学反应比较复杂，并非所有的官能团都能参与反应，很难用简单的方法把主、副分开，不能分离出结构单一的产物，产物具有不均匀性。例如聚乙烯醇的缩甲醛反应，在同一条分子链上并不是所有链节都参加反应；不同的聚乙烯醇分子上，羟基的反应程度和位置也不同。除了发生相邻羟基缩醛化外，还会发生分子间的反应而生成交联结构的产物。

$$\sim CH_2-CH-CH_2-CH-CH_2-CH\sim \ +HCHO \longrightarrow \ \sim CH_2-CH \quad CH-CH_2-CH\sim \ +H_2O$$

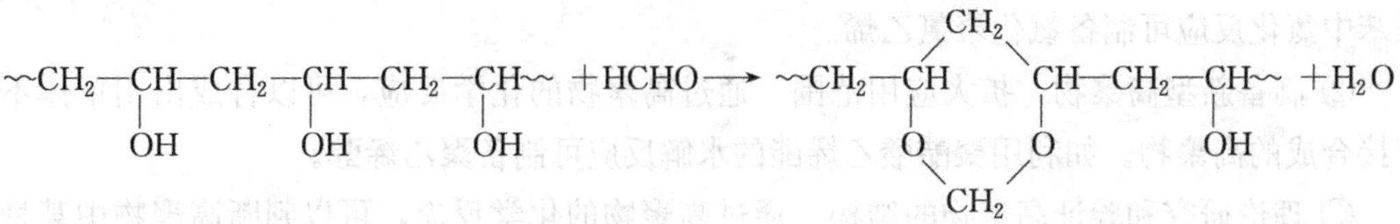

因此，高聚物的化学反应的反应程度不能用小分子的"产率"一词来描述，而只能用官能团的转化率来表征，转化率不能达到百分之百，是由高分子反应的不均匀性和复杂性造成的。

3. 高聚物化学反应的影响因素

虽然高聚物相对分子质量很高，但是它们所具有的官能团仍然与一般小分子有机化合物有一样的反应性能，在反应速率和转化率方面往往有显著的差异，主要受以下因素的影响。

（1）物理因素

物理因素的影响主要是高聚物大分子链的扩散速率、聚集态结构两个方面。高聚物分子链有规则的堆砌形成规整的晶态结构；无规则的堆砌形成非晶态结构。不规整结构中分子排列疏松，试剂容易侵入，官能团容易起反应；规整结构中由于分子排列紧密，试剂不易侵入，官能团不易起反应。此外，高聚物又因其相对分子质量大，溶解性有限，如果在不均相状态或溶胀状态下反应，就会引起反应速率降低或发生局部性的反应，可适当提高高聚物的溶解度或溶胀度，加快反应的进行。高聚物大分子链的扩散速率与相对分子质量大小及所接触的溶剂有关。

（2）化学因素

化学因素的影响主要是高分子链上邻近基团效应的影响，主要体现在空间位阻和静电作用两个方面，有时反应后的基团可以改变邻近未反应基团的活性。此外，由于相邻基团的成对反应，往往会使一些官能团残留下来，使反应的最高转化率受到限制。

三、聚合度相似的化学反应

聚合度相似的化学反应其实质是基团转变反应，是对聚合物进行化学改性及功能化的主要手段之一。通常分为两大类。一类为高聚物与外加试剂发生的引入新基团的反应；另一类是同一高聚物分子链基团之间的转化反应。

1. 引入新基团

（1）聚合物的氯化与氯磺化反应

像聚乙烯、聚苯乙烯、聚丙烯、橡胶等饱和烯烃及其共聚物，都能在一定的条件下发生氯化反应。高聚物经氯化后，可以使它的工艺性能、物理机械性能、化学稳定性及耐燃性等方面获得显著改善，从而扩大高聚物的应用范围，提高其使用价值，广泛应用于制备弹性体、塑料制品、涂料、黏合剂等领域中。

氯化聚乙烯是聚乙烯通过氯取代反应而制成的无规生成物，可视为乙烯、氯乙烯和1,2-二氯乙烯的三元聚合物，几乎不存在双键结构。我国生产的氯化聚乙烯90%用于 PVC 改性，约 10%用于电线、电缆和 ABS 树脂改性。

$$\sim CH_2CH_2\sim \ \xrightarrow[-HCl]{Cl_2} \ \sim CH_2CH-CH_2CH_2\sim$$

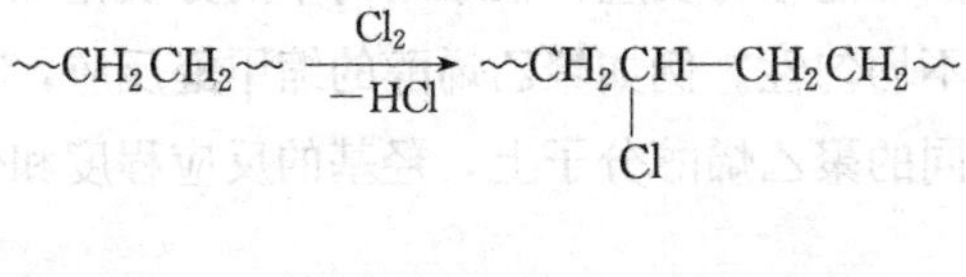

氯化橡胶是由天然或合成橡胶经氯化改性得到的，由于其具有优良的成膜性、黏附性、快干性、抗腐蚀性、防透水性、阻燃性和绝缘性，广泛应用于制造化工防腐漆、路标漆、船舶漆、集装箱漆、防火漆、建筑涂料、黏合剂及印刷油墨等。

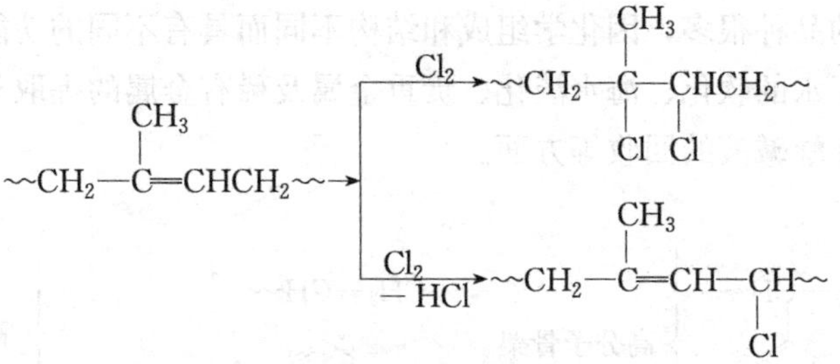

氯磺化聚乙烯是低密度聚乙烯或高密度聚乙烯经过氯化和氯磺化反应制得的一种特种橡胶，是一种综合性能良好的弹性体。主要用途是用作工业池、槽、水库衬胶和屋面防水卷材。其中85%用于防腐涂层，其余小部分用于电线电缆、覆盖材料等。

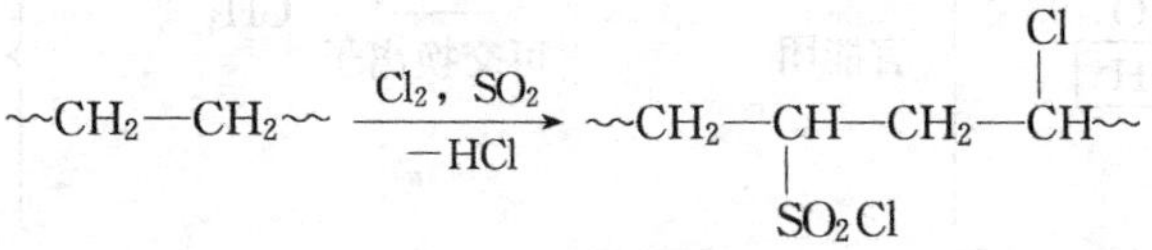

氯化聚氯乙烯是聚氯乙烯的一个改性品种，其耐候性、耐蚀性、耐老化性和阻燃自熄性等性能远远优于普通的聚氯乙烯树脂，用其制成的管、板及注塑件广泛应用于化工、建筑、冶金、造船、电子电器、合成纤维等领域，作为一种性能优异的新型合成高分子材料。

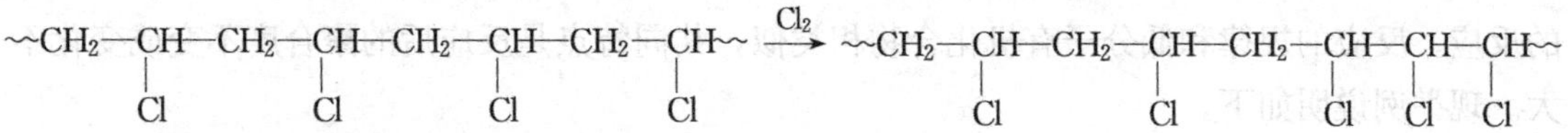

(2) 离子交换树脂的合成

离子交换树脂是在具有三维空间网状结构的高分子基体上引入功能基团的树脂。作为基体原料主要有苯乙烯和丙烯酸（酯）两大类，它们分别与交联剂二乙烯苯产生聚合反应，形成具有长分子主链及交联网络骨架结构的高聚物，再通过苯环的取代反应（磺化、氯甲基化、胺化等）及功能基转化，制得阴、阳离子交换树脂。

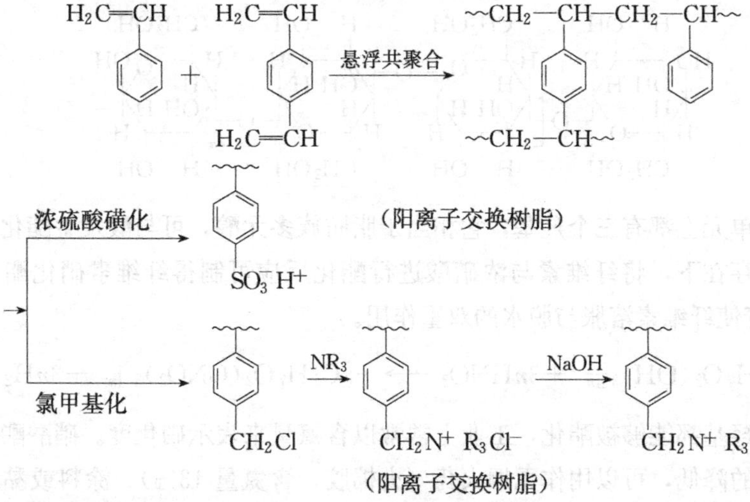

离子交换树脂能在液相中与带相同电荷的离子进行交换反应，如磺酸型聚苯乙烯阳离子

交换树脂与水中的阳离子 Na^+ 作用时，由于树脂上的 H^+ 浓度大，而—SO_3^- 对 Na^+ 的亲和力比对 H^+ 的亲和力强，因此树脂上的 H^+ 便与 Na^+ 发生交换，起到消除水中 Na^+ 的作用。废离子交换树脂用酸或碱处理，还可以再生利用。

离子交换树脂的品种很多，因化学组成和结构不同而具有不同的功能和特性，适应于不同的用途。主要用于水的软化、海水淡化、贵重金属及稀有金属的提取与分离、工业用催化剂、铀的提纯、废弃酸碱液的回收等方面。

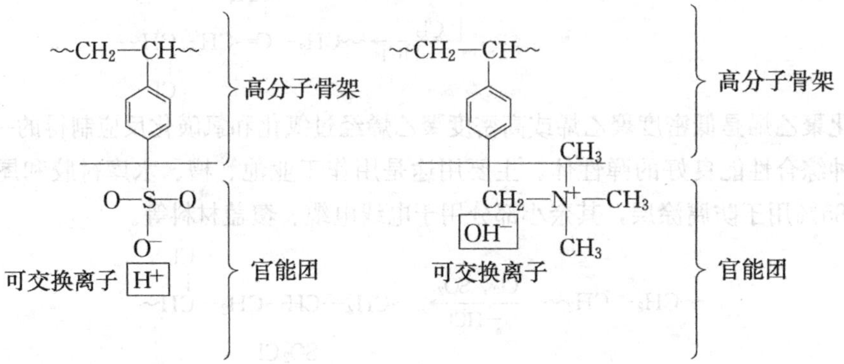

阳离子交换树脂　　　　阴离子交换树脂

2. 基团的转化

这类反应常常是以大分子的基本链节为基础，与化学试剂（大分子或小分子）相互作用的反应，反应的规律和低分子有机化合物相类似，共同特点是反应后的聚合度不变或变化不大。现举例说明如下。

(1) 纤维素的化学改性

纤维素是第一个进行化学改性的天然高分子。纤维素由葡萄糖单元组成，分子链上每一个结构单元上有三个羟基，在适当的条件下都可以发生反应。通过这些羟基的反应达到改性的目的。如可以形成铜铵纤维、黏胶纤维、硝化纤维和醋酸纤维等。

① 酯化反应　纤维素的分子式常常简写成 $[C_6H_7O_2(OH)_3]_n$，其结构式为：

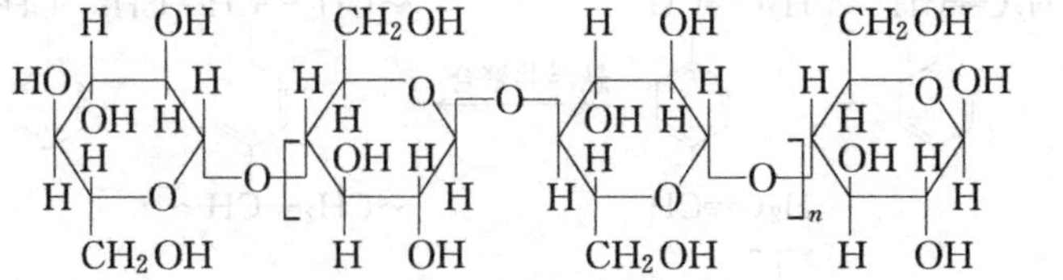

在每个结构单元上都有三个羟基，它相当于脂肪族多元醇，可与酸发生酯化反应。

在浓硫酸的存在下，将纤维素与浓硝酸进行酯化反应可制得纤维素硝化酯（硝化纤维素），浓硫酸起着使纤维素溶胀与脱水的双重作用。

$$\text{-}[C_6H_7O_2(OH)_3]_n\text{-} + 3nHNO_3 \longrightarrow \text{-}[C_6H_7O_2(ONO_2)_3]_n\text{-} + 3nH_2O$$

并不是所有羟基都能够被酯化，工业上常常以含氮量来表示硝化度。硝酸酯作为硝基纤维随着硝化程度的降低，可以用作无烟火药（火棉胶，含氮量 13%）、涂料或黏合剂（含氮量 12%）以及赛璐珞塑料（含氮量 11%）等。因硝化纤维极易燃，除用作火药外，已被醋酸纤维所代替。

在硫酸催化下，纤维素与醋酸酐反应，可以制得纤维素醋酸酯（醋酸纤维）：

$$\left[C_6H_7O_2(OH)_3\right]_n + 3n(CH_3CO)_2O \longrightarrow \left[C_6H_7O_2(OCOCH_3)_3\right]_n + 3nCH_3COOH$$

醋酸纤维性质稳定、强度大、透明且不易燃、可用作电影胶片的基材、录音带、电器零部件等，二醋酸纤维进行纺丝就可制得人造纤维，俗称“人造丝”。

② 醚化反应　纤维素分子中羟基的氢被烃基取代而生成纤维素醚类衍生物。经醚化后的纤维素溶解性能发生显著变化，能溶于水、稀碱溶液和有机溶剂，并具有热塑性。纤维素醚类品种繁多，性能优良，广泛用于建筑、水泥、石油、食品、纺织、洗涤剂、涂料、医药、造纸及电子元件等工业。工业上常用的是纤维素烷基醚和纤维素羟烷基醚，典型代表是甲基纤维素和羟乙基纤维素。

将碱纤维素与卤代甲烷反应可制得甲基纤维素，广泛用作增稠剂、胶黏剂和保护胶体等。

$$\left[C_6H_7O_2(OH)_3\right]_n + 3nCH_3Cl + 3nNaOH \longrightarrow \left[C_6H_7O_2(OCH_3)_3\right]_n + 3nNaCl + 3nH_2O$$

将碱纤维素与氯乙醇反应可制得羟乙基纤维素，广泛用作胶乳涂料的增稠剂、纺织印染浆料、造纸胶料、胶黏剂和保护胶体等。

$$\left[C_6H_7O_2(OH)_3\right]_n + 3nClCH_2CH_2OH + 3nNaOH \longrightarrow$$
$$\left[C_6H_7O_2(OCH_2CH_2OH)_3\right]_n + 3nNaCl + 3nH_2O$$

（2）聚乙烯醇的合成

聚乙烯醇是重要的化工原料，可用于制造“维尼纶”合成纤维、织物处理剂、乳化剂、黏合剂等。但由于乙烯醇不稳定，极易异构化为乙醛，所以不能直接用乙烯醇单体聚合制得聚乙烯醇，只能在酸或碱作用下，将聚醋酸乙烯酯用甲醇醇解而得。聚乙烯醇可溶于沸水，耐油、坚韧，常用聚乙烯醇的醇解度为80%和98%左右。

聚乙烯醇和醛类用酸作催化剂进行反应，形成聚乙烯醇缩醛，常用的醛类是甲醛和丁醛。聚乙烯醇缩甲醛纤维的商品名称是维尼纶。

$$nH_2C{=}CH{-}OCOCH_3 \longrightarrow \left[CH_2-\underset{\displaystyle OCOCH_3}{\underset{|}{CH}}\right]_n + nCH_3OH \xrightarrow[\text{(或 }H^+\text{)}]{NaOH} \left[CH_2-\underset{\displaystyle OH}{\underset{|}{CH}}\right]_n + nCH_3COOCH_3$$

（3）环化反应

有少数的高聚物在热解时，通过侧基能发生环化反应。最典型的环化反应是聚丙烯腈环化制备碳纤维的反应。

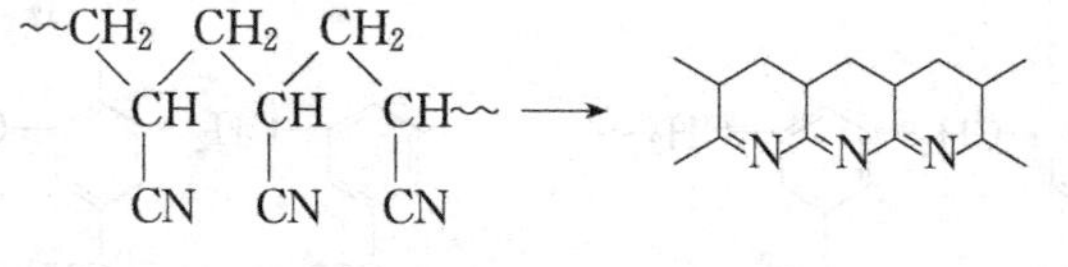

碳纤维具有质轻、强度高、耐高温（可耐3000℃）的特点，与树脂、橡胶、金属、玻璃、陶瓷等复合后，可成为性能优异的复合材料，广泛应用于航天航空及国防领域（飞机、火箭、导弹、卫星、雷达等）、体育休闲用品（高尔夫球杆、渔具、网球拍、羽毛球拍等）

及原子能设备和化工设备制造行业。

任务二　高聚物的聚合度变化反应

【任务介绍】

某蔬菜生产基地，需要购买大量塑料薄膜用于冬季覆盖大棚，应如何选择塑料薄膜？使用一段时间后，塑料薄膜会发生什么现象？残膜应如何处理？

【任务分析】

利用高聚物化学反应中聚合度变化的特点，正确理解聚合度的变化对其性能的影响。

【相关知识】

一、聚合度变大的化学转变

聚合度变大的化学转变主要包括交联反应、接枝反应、嵌段反应和扩链反应。

1. 交联反应

高聚物的交联反应是指线型或支链型大分子在光、热、辐射或交联剂的作用下，分子链间形成共价键，生成三维网状或体型结构的产物。交联能使高聚物的许多性能得到提高，如能提高高聚物的强度、弹性、耐热性、硬度、稳定性等，主要用于橡胶制品的硫化、热固性树脂的固化、胶黏剂的固化等方面。

高分子间的交联可通过化学方法和物理方法来实现。化学方法主要有缩聚交联、共聚交联及硫化交联等；物理方法主要有机械交联与辐射交联等。酚醛树脂、环氧树脂、橡胶的硫化交联、离子交换树脂等的交联属于化学交联。聚乙烯、聚苯乙烯、聚二甲基硅氧烷等在辐射作用下的交联属于物理交联。

(1) 酚醛树脂的交联固化

线型酚醛树脂通过官能团间的相互作用，使分子链间形成共价键而发生交联反应，转化为体型酚醛树脂。

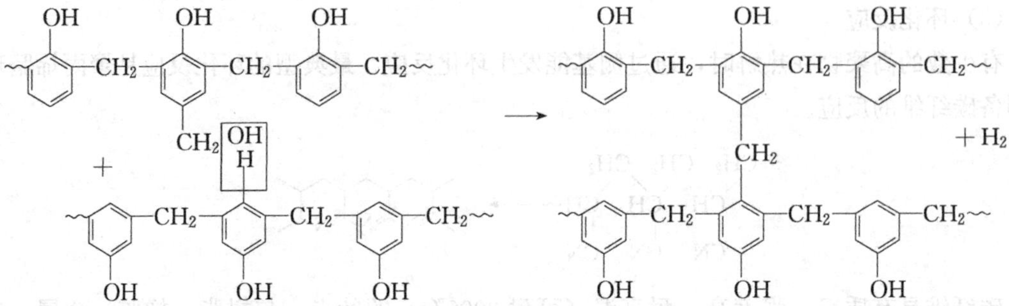

(2) 苯乙烯的共聚交联

苯乙烯与二乙烯苯在形成共聚物时，在形成直链分子的同时，分子链间也发生交联反应。

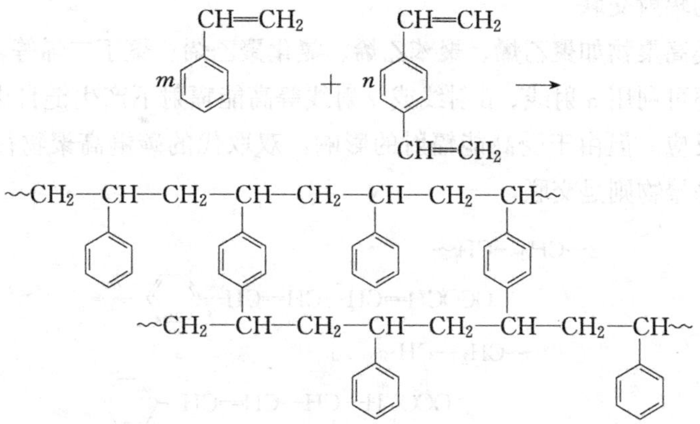

(3) 橡胶的硫化交联

橡胶的硫化是指橡胶胶料（线型高分子）在物理或化学作用下，形成三维网状体型结构，从而改善橡胶的物理、机械、化学等性能的工艺过程。硫化后生胶内形成空间立体结构，具有较高的弹性、耐热性、拉伸强度和在有机溶剂中的不溶解性等优异性能。橡胶制品绝大部分是硫化橡胶。

最初的天然橡胶制品是用硫黄作交联剂进行交联，故橡胶的交联得名为“硫化”。随着橡胶工业的发展，现在可以用多种非硫黄交联剂进行交联。像氟橡胶、硅橡胶和乙丙橡胶也能进行交联，但由于分子结构中没有双键，只能采用过氧化物硫化；氯丁橡胶用金属氧化物如氧化锌、氧化镁等进行硫化。

天然橡胶以硫黄为硫化剂的硫化反应如下：

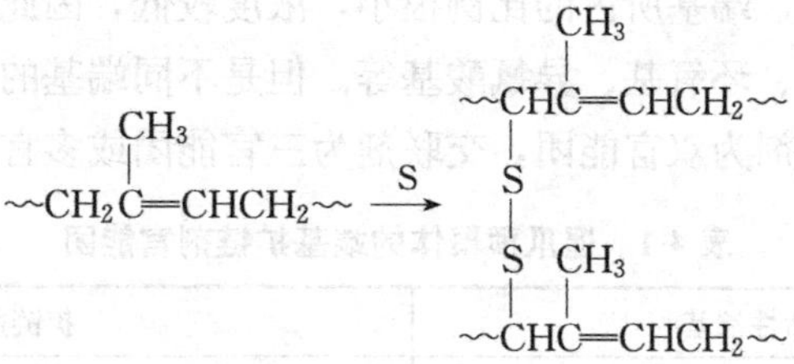

乙丙橡胶以过氧化物为硫化剂的硫化反应如下：

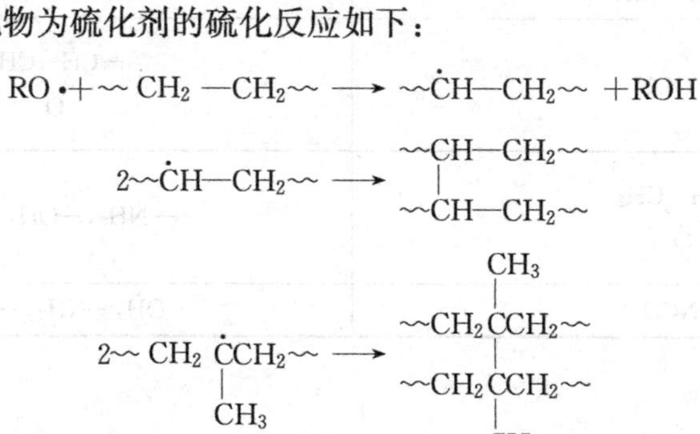

为了提高硫化速度和提高硫的利用率，缩短硫化时间，一般在硫化体系中加入硫化促进剂（如四甲基秋兰姆二硫化物、二甲基二硫代氨基甲酸锌、苯并噻唑二硫化物等）和活性剂

（如氧化锌、氧化镁等）。

（4）聚烯烃的辐射交联

有许多烯烃类高聚物如聚乙烯、聚苯乙烯、氯化聚乙烯、聚丁二烯等，除了采用过氧化物进行交联外，还可利用 α 射线、β 射线或 γ 射线等高能辐射下产生链自由基，链自由基偶合即可产生交联反应。但由于受高能辐射的影响，双取代的碳链高聚物往往会发生断链反应，其他大多数高聚物则是交联。

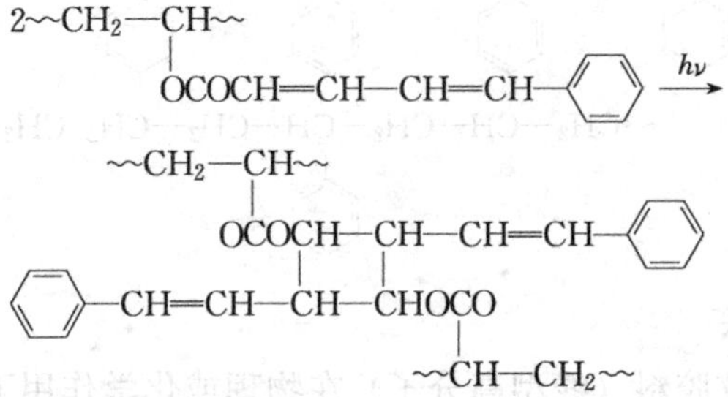

由紫外光或高能辐射所引起的高聚物反应在集成电路工艺中有很重要的用途。

2. 扩链反应

高聚物的扩链反应是指相对分子质量不高的聚合物，通过链末端活性基团的反应形成聚合度增大了的线型高分子链的过程。存在端基具有反应能力的低聚物是进行扩链反应的前提条件，这样的聚合物称为“遥爪预聚物”。通过扩链反应，可以将某些特殊基团引入分子链中，实现制备特种或功能高分子的目的。常见的扩链反应是先合成端基预聚体，然后用适当的扩链剂进行扩链。端基预聚体的合成有多种方法，如自由基聚合、阴离子聚合、阳离子聚合和缩聚反应等等。

由于聚合物分子链长，端基所占的比例很小，浓度较低，因此端基反应必须采用活性很高的基团，如羟基、羧基、环氧基、异氰酸基等。但是不同端基的遥爪预聚体，须采用不同的扩链剂或交联剂，扩链剂为双官能团，交联剂为三官能团或多官能团（见表 4-1）。

表 4-1 遥爪预聚体的端基扩链剂官能团

遥爪预聚体的活性端基	扩链剂的官能团
—OH，—SH	—NCO
—COOH	$-CH\underset{O}{-}CH_2$，—OH
$-CH\underset{O}{-}CH_2$	$-NH_2$，—OH，—COOH，酸酐
—NCO	—OH，$-NH_2$，—COOH，—NHR

3. 接枝反应

高聚物的接枝反应是指在高分子主链上接上结构、组成不同的支链的过程。接枝共聚物的性能主要取决于主、支链的结构、组成、长度及支链数。从形态和性能上看，长支链的接枝共聚物类似共混物，支链短而多的接枝共聚物则类似于无规共聚物，通过共聚两种性质不同的聚合物连接在一起，形成具有特殊性能的聚合物。制备接枝共聚物的方法主要有链转移反应法、大分子引发剂法、辐射接枝法三种。辐射接枝法产品较纯、效率高、耐辐射，还可以改进高分子材料的表面性质。

聚醋酸乙烯酯用γ射线辐射接枝聚甲基丙烯酸甲酯制备接枝共聚物：

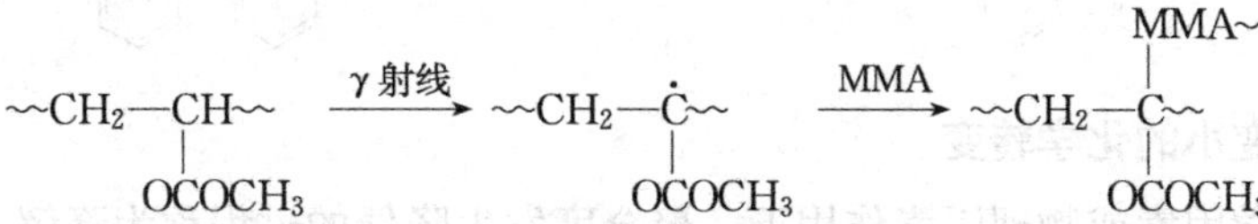

丁二烯与苯乙烯接枝共聚制备高抗冲接枝共聚物：

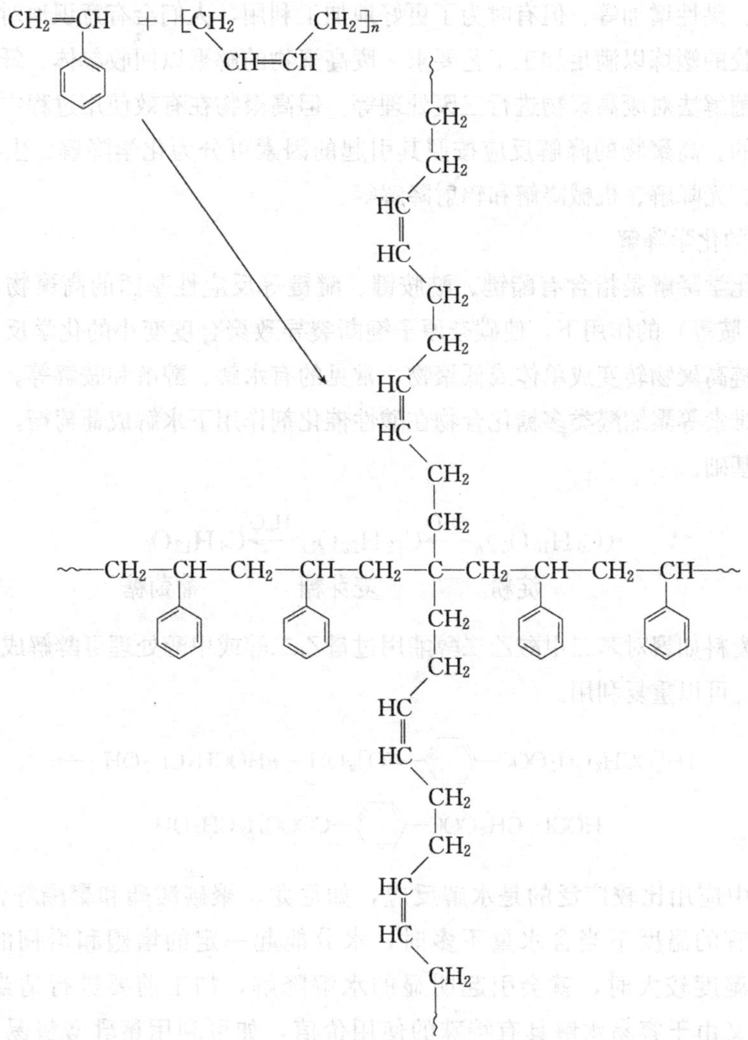

4. 嵌段反应

高聚物的嵌段反应是指在聚合物大分子链端产生活性自由基，再将另一单体接聚上去的过程。嵌段共聚物的主链至少是由两种单体构成很长的链段组成。常见的有 AB、ABA 型，其中 A 和 B 为不同单体组成的长段，也可能有 ABAB、ABABA、ABC 型。制备嵌段共聚物的方法主要有活性聚合法、物理法和化学法。工业上最常见的是嵌段共聚物苯乙烯-丁二烯-苯乙烯（SBS）热塑性弹性体，兼有塑料和橡胶的特性，被称为"第三代合成橡胶"：

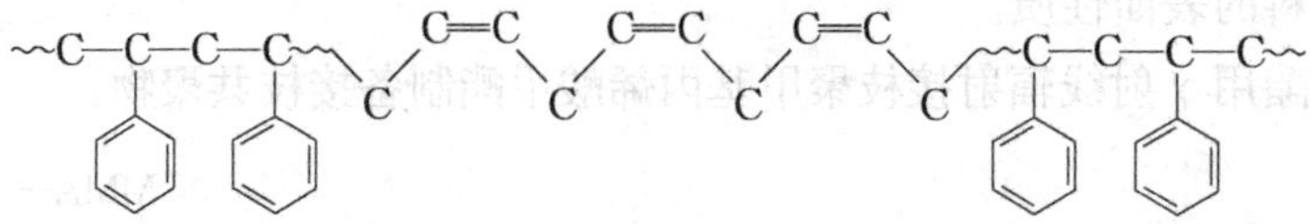

二、聚合度变小的化学转变

高聚物在化学因素或物理因素作用下，聚合度发生降低的过程称为降解，降解是高聚物聚合度变小的化学反应总称。通常降解反应将会引起高聚物的力学性能的改变，如弹性消失、强度降低、黏性增加等。但有时为了更好地加工利用，人们会有意识地对高聚物进行部分降解。如橡胶的塑炼以满足加工工艺要求、废高聚物的解聚以回收单体、纤维素水解以制备葡萄糖、用菌解法对废高聚物进行三废处理等。但高聚物在有效使用过程中发生的降解是必须加以防止的。高聚物的降解反应按照其引起的因素可分为化学降解、生物降解、热降解、氧化降解、光降解、机械降解和辐射降解等。

1. 高聚物的化学降解

高聚物的化学降解是指含有酯键、酰胺键、醚键等反应性基团的高聚物，在化学试剂（水、醇、酸、胺等）的作用下，使碳杂原子键断裂导致聚合度变小的化学反应。利用化学降解，可使杂链高聚物转变成单体或低聚物，常见的有水解、醇解和胺解等。

淀粉及纤维素等聚缩醛类多糖化合物在酸性催化剂作用下水解成葡萄糖，为生物体提供了赖以生存的基础。

$$(C_6H_{10}O_5)_n \xrightarrow{H_2O} C_{12}H_{22}O_{11} \xrightarrow{H_2O} C_6H_{12}O_6$$
$$\text{淀粉} \qquad\qquad \text{麦芽糖} \qquad\qquad \text{葡萄糖}$$

聚酯类的废料如聚对苯二甲酸乙二醇酯用过量乙二醇或甲醇处理可醇解成对苯二甲酸二乙二醇酯单体，可以重复利用。

$$\text{H--[OCH}_2\text{CH}_2\text{OOC---}\bigcirc\text{---CO]}_n\text{OH} + n\text{HOCH}_2\text{CH}_2\text{OH} \longrightarrow$$
$$\text{HOCH}_2\text{CH}_2\text{OOC---}\bigcirc\text{---COOCH}_2\text{CH}_2\text{OH}$$

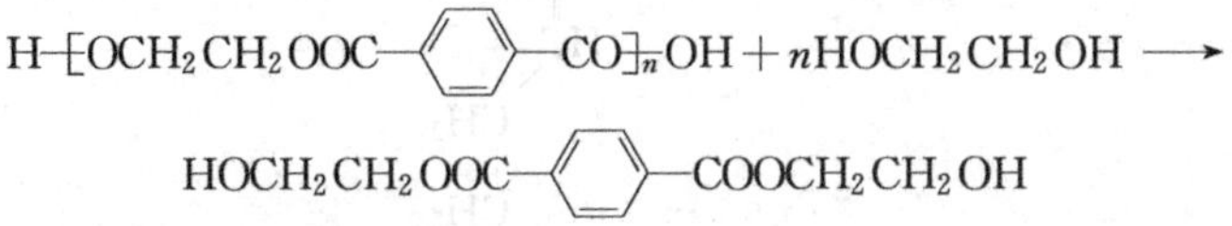

化学降解中应用比较广泛的是水解反应，如尼龙、聚碳酸酯和聚酯等含极性基团的高聚物，在适宜的温度下当含水量不多时，水分能起一定的增塑和增韧的作用，但温度较高和相对湿度较大时，就会引起明显的水解降解，加工前要进行适当的干燥。有些高分子材料又由于容易水解具有特殊的使用价值，如可利用聚乳酸极易水解的性质，聚乳酸纤维作为外科手术用的缝合线，伤口愈合后不需拆线，经体内水解为乳酸，由代谢循环排出体外。

2. 高聚物的生物降解

高聚物在相对湿度为70℃以上的温湿气候下，微生物将对天然高聚物和部分合成高聚物产生生化作用，使它们产生生物降解。如许多细菌能产生酶，使缩氨酸和葡萄糖键水解成水溶性产物，天然橡胶经土壤衍生物的作用能进行分解等。因此，可利用生物降解将天然高聚物进行降解而实现三废处理。

聚烯烃、聚氯乙烯、聚碳酸酯、氯化聚醚树脂等高聚物不易发生生物降解，但如果在成型加工过程中加入了脂肪族增塑剂等物质后，可利用生物降解通过降解高聚物中的脂肪族增塑剂，破坏高聚物材料。

3. 高聚物的热降解

高聚物的热降解是指高聚物在热的作用下发生高分子链断裂的反应。热降解主要有无规断链、解聚、侧基脱除三种类型。

(1) 无规断链

无规断链反应是指高聚物受热后，在高分子主链上任意位置都能发生断链降解的反应。在这类降解反应中，高分子链从其分子组成的弱键处发生断裂，分子链断裂成数条聚合度减小的分子链，产物是相对分子质量大小不等的低聚物，单体数量很少。典型的例子是聚乙烯的热降解反应。

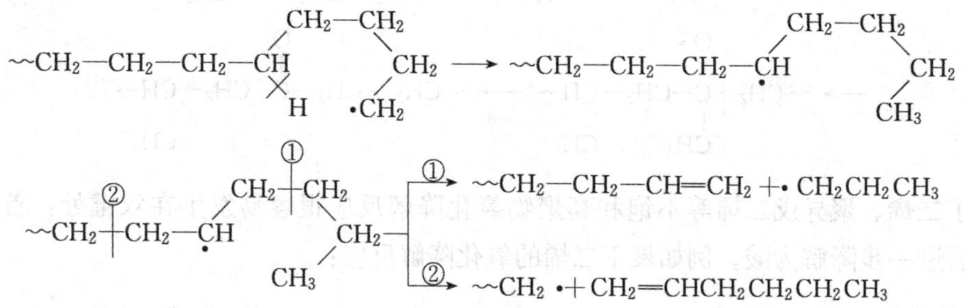

(2) 解聚

解聚反应是指高聚物受热后，从高分子链的末端单元开始，以结构单元为单位进行连锁脱除单体的解聚反应，是聚合反应的逆反应。在这类降解反应中，由于是结构单元逐个脱落，因此高聚物的相对分子质量变化很慢。典型的例子是聚甲基丙烯酸甲酯的热降解反应。

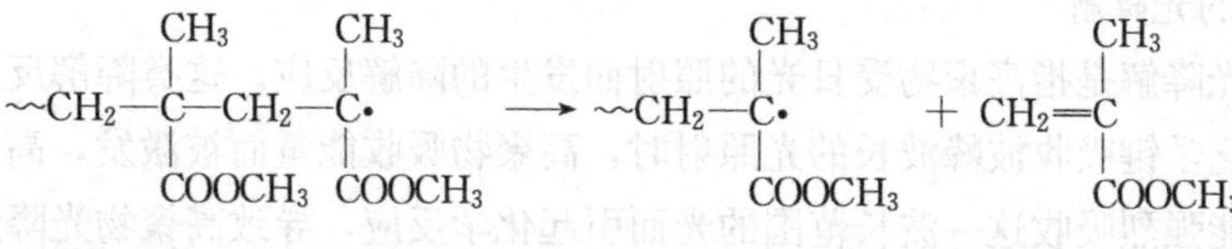

聚甲基丙烯酸甲酯（有机玻璃）在 270℃以上可全部解聚成单体，利用热解聚机理，可由废有机玻璃回收单体。

(3) 侧基脱除

侧基脱除反应是指高聚物受热后，以发生取代基的脱除反应为主，并不发生主链断裂的解聚反应。这类降解反应的特点是聚合度不变，只是取代基与邻近的氢在受热情况下发生消除反应，并以氯化氢、水、氢及酸等形式从主链脱除下来，同时在主链上形成双键。典型的例子是聚氯乙烯的脱氯化氢、聚醋酸乙烯酯的脱酸反应：

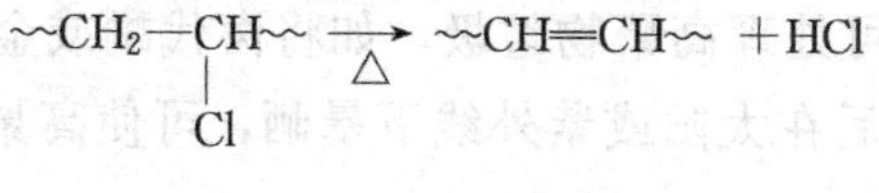

聚氯乙烯在 100～120℃就开始脱除氯化氢，200℃以上脱除反应更快。伴随着氯化氢的脱除，高聚物的颜色逐渐变深，强度变低。生产中为防止这种现象的发生，成型时要加入少量的热稳定剂，提高聚氯乙烯使用时的热稳定性。

4. 高聚物的氧化降解

高聚物的氧化降解反应是指高聚物受空气中氧的作用，在分子链上形成过氧基团或含氧基团，从而引起分子链断裂的反应。这类降解反应主要是由于空气中的氧进攻高分子主链上的双键、羟基、叔碳原子上的氢等基团或原子，生成过氧化物或氧化物，使主链断裂，导致高分子降解与交联，结果将使高聚物变硬、变色、变脆等。

聚乙烯、聚丙烯、聚丙烯腈等饱和碳链高聚物的氧化降解反应一般发生在叔碳原子上，首先形成羰基，然后进一步降解。例如聚丙烯的氧化降解反应：

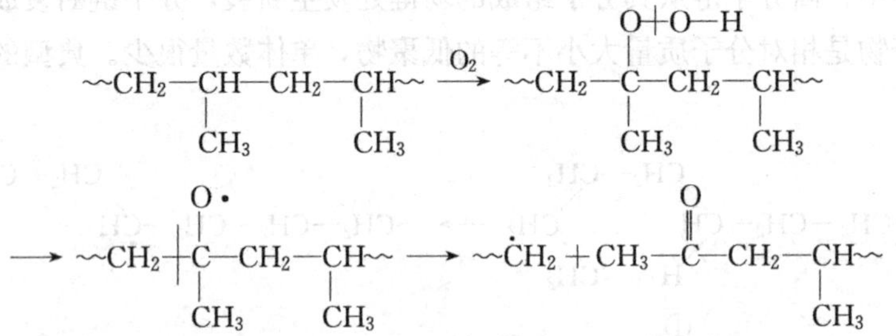

聚丁二烯、聚异戊二烯等不饱和高聚物氧化降解反应很容易发生在双键处，首先形成醛，然后进一步降解为酸。例如聚丁二烯的氧化降解反应：

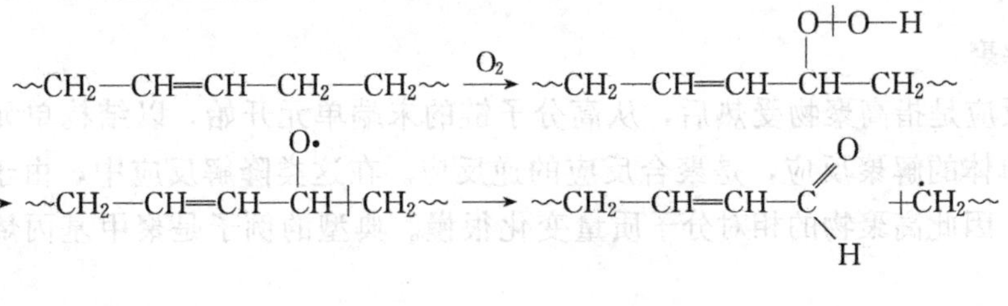

5. 高聚物的光降解

高聚物的光降解是指高聚物受日光的照射而发生的降解反应。这类降解反应主要是由于高聚物分子中化学键吸收波峰波长的光照射时，高聚物吸收能量而被激发，高聚物中的羰基和双键等基团能强烈吸收这一波长范围的光而引起化学反应，导致高聚物光降解。通常可以分为光敏降解和非光敏降解两种情况。为防止或减缓高聚物的光降解，通常在高聚物加工成型时加入光稳定剂。例如聚甲基乙烯基酮的光降解反应：

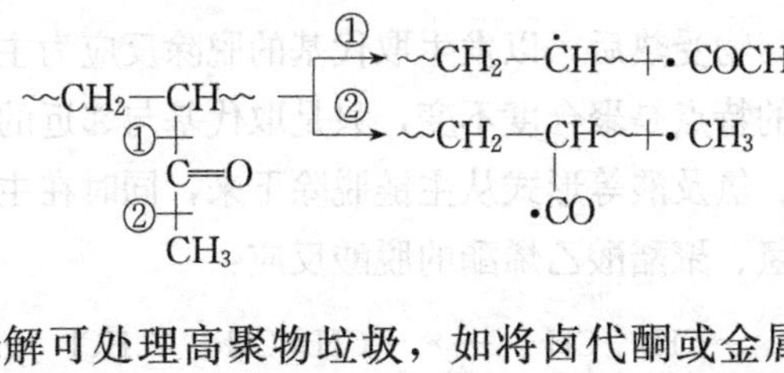

利用高聚物的光降解可处理高聚物垃圾，如将卤代酮或金属有机化合物等作为光敏剂撒在高聚物垃圾上，然后在太阳或紫外线下暴晒，可使高聚物分解为粉末，消除“白

色污染"。

6. 高聚物的机械降解

高聚物的机械降解是指高聚物在塑炼和加工成型过程中，受机械力的剪切作用而引起大分子链断裂的降解反应。高聚物在机械降解时，相对分子质量会随着时间的延长而降低，但达到一定程度后便不会再降低。如天然橡胶和合成橡胶的相对分子质量很大，经过机械塑炼（机械降解）后可降低相对分子质量，使它的弹性降低而塑性增加，便于成型加工。

$$\sim CH_2-\underset{\underset{CH_3}{|}}{C}=CH-CH_2 \mid CH_2-\underset{\underset{CH_3}{|}}{C}=CH-CH_2-CH_2\sim \xrightarrow{\text{机械力}}$$

天然橡胶

$$\sim CH_2-\underset{\underset{CH_3}{|}}{C}=CH-CH_2 \cdot + \cdot CH_2-\underset{\underset{CH_3}{|}}{C}=CH-CH_2-CH_2\sim$$

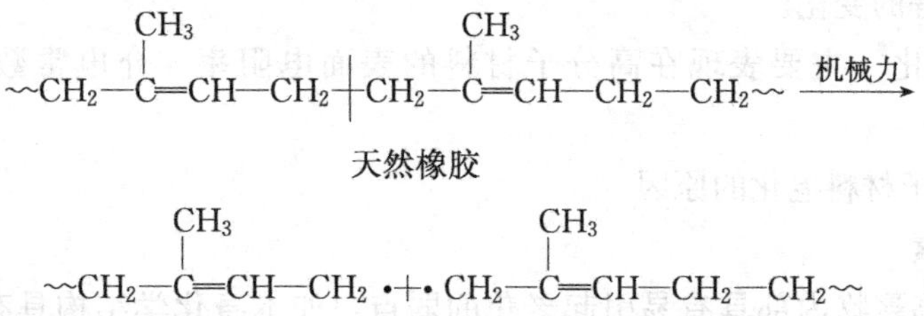

7. 高聚物的辐射降解

高聚物的辐射降解是指在高能辐射（α、β、γ、X 射线等）作用下，因辐射的化学效应使高聚物的主链断裂、侧基脱落的降解反应。辐射的化学效应将使高分子链发生两种不同类型的变化，当发生主链断裂时会产生降解，当先发生侧链断裂时则产生交联。辐射降解将对高聚物的物理状态和物理性能均有很大的影响。典型的是聚异丁烯的辐射降解：

$$R\sim CH_2-\underset{\underset{CH_3}{|}}{\overset{CH_3}{|}}{\overset{\cdot}{C}}-CH-\underset{\underset{CH_3}{|}}{\overset{CH_3}{|}}{C}\sim R' \begin{cases} R\sim CH_2-\underset{\underset{CH_3}{|}}{\overset{CH_3}{|}}{C}-CH=\underset{\underset{CH_3}{|}}{\overset{CH_3}{|}}{C} \quad + \quad \cdot\sim R' \\ \\ R\sim CH_2-\underset{\underset{CH_3}{|}}{\overset{CH_3}{|}}{C}-CH=\underset{CH_3}{|}{C}\sim R' + \cdot CH_3 \end{cases}$$

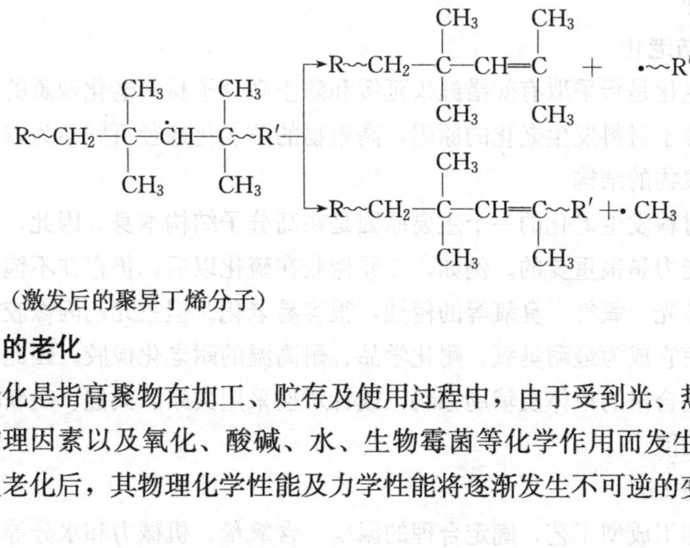

（激发后的聚异丁烯分子）

三、高聚物的老化

高聚物的老化是指高聚物在加工、贮存及使用过程中，由于受到光、热、电、高能辐射和机械应力等物理因素以及氧化、酸碱、水、生物霉菌等化学作用而发生的性能下降的现象。高聚物发生老化后，其物理化学性能及力学性能将逐渐发生不可逆的变坏，以致最后丧失使用价值。

高分子材料的老化缩短了制品的使用寿命，并影响制品使用的经济性和环保性，限制了制品的应用范围。因此，研究引发高分子材料老化的原因及其微观机理具有非常重要的意义。

1. 高聚物的老化现象

高聚物老化的表现形式很多，归纳起来主要有以下几种类型。

① 外观变化　主要表现在高分子材料发黏、变硬、变脆、变形、变暗、变色，出现斑点、皱纹、粉化及分层脱落等现象。其中发硬、变脆主要是交联的结果，如农用薄膜雨淋日

晒后出现的变色、变脆，塑料长期使用出现的脆裂粉化；发黏、变色、强度下降以至完全破坏等主要是降解、取代基脱除的结果，如电线塑料或橡胶绝缘外皮变色、发黏、脆裂，轮胎在使用或存放过程的发黏、龟裂等。

② 物理化学性质变化　主要表现在高分子材料的溶解性、溶胀性、熔体流变性、耐热、耐寒、耐腐蚀、透气、透光性能等的变化。

③ 力学性能变化　主要表现在高分子材料的拉伸强度、弯曲强度、抗冲击强度、断裂伸长率、耐磨性等的变化。

④ 电性能变化　主要表现在高分子材料的表面电阻率、介电常数及击穿电压等的变化。

2. 引起高分子材料老化的原因

(1) 内在因素

主要是由于高聚物内部具有易引起老化的弱点，如本身化学结构具有不饱和双键、支链、羰基、末端上的羟基等原因引起的。

(2) 外在因素

主要包括物理因素，如包括热、光、高能辐射和机械应力等；化学因素，如氧、臭氧、水、酸、碱等的作用；生物因素，如微生物、昆虫的作用。

综上所述，老化往往是内、外因素综合作用的极为复杂的过程，因此并无单一的防老化方法。前面所讨论的各种降解及交联反应，都可能引起高聚物发生老化，但常见的是热氧老化和光氧老化两种。

3. 高聚物的防老化

高聚物的防老化是指采取有效措施来延缓和防止高分子材料老化现象的出现，延长其使用寿命。根据高分子材料发生老化的原因，高聚物的防老化途径可归纳为以下几点。

(1) 改善高聚物的结构

因为高分子材料发生老化的一个主要原因是在高分子结构本身。因此，改善高聚物的结构以提高老化的能力是很重要的。例如，二元橡胶在硫化以后，仍存在不饱和双键，制品在使用时无法避免日光、氧气、臭氧等的侵蚀，很容易老化。但三元乙丙橡胶在主链中不含双键，完全饱和，使它成为最耐臭氧、耐化学品、耐高温的耐老化橡胶。因此，采用合理的聚合工艺路线和纯度合格的单体及辅助原料，或针对性采用共聚、共混、交联等方法均可提高高聚物的耐老化性能。

(2) 改进成型工艺

采用适宜的加工成型工艺，确定合理的温度、含氧量、机械力和水分等工艺参数，防止加工过程中的老化，防止或尽可能减少产生新的老化诱发因素，对提高高聚物制品的耐老化性和耐久性是十分有效的措施。

(3) 添加各种防老剂

根据高分子材料的主要老化机理和制品的使用环境条件添加各种防老剂，如光稳定剂、抗氧剂、热稳定剂以及防霉剂等，可改善高聚物的成型加工性能，延长高聚物的贮存和使用寿命。由于方法简单、效果显著，是高聚物防老化的主要方法。

① 光稳定剂　能阻止高聚物光降解和光氧化降解的物质，称为光稳定剂。高分子材

料在户外暴露于太阳光和含氧大气中，分子链发生种种物理和化学变化，导致链断裂或交联，且伴随着生成含氧基团如酮、羧酸、过氧化物和醇，导致材料韧性和强度急剧下降。

光稳定剂按作用机理可分为紫外线吸收剂、自由基捕获剂、光屏蔽剂（炭黑）和猝灭剂四种类型。

a. 紫外线吸收剂 作用机理是能强烈地吸收对高聚物敏感的紫外光，并将能量转变为无害的热能形式放出，是使用最普遍的光稳定剂。紫外线吸收剂是一类能选择性地强烈吸收对高聚物有害的太阳光紫外线而自身具有高度耐光性的有机化合物。工业上应用最多的是二苯甲酮类、水杨酸类和苯并三唑类等。

b. 自由基捕获剂 作用机理是通过捕获和清除自由基，分解氢过氧化物，传递激发态能量等途径使高聚物稳定。常用的是具有空间位阻作用的胺类衍生物，它们不吸收紫外光。

c. 光屏蔽剂 光屏蔽剂能反射或吸收太阳光紫外线，作用机理是在高聚物和光辐射之间设置了一道屏障，阻止紫外线深入高聚物内部，从而有效地抑制高聚物的光氧化降解，应用较多的是炭黑、氧化锌、二氧化钛和锌钡等。

d. 猝灭剂 作用机理是有效转移聚合物中光敏发色团所吸收的能量，并将这些能量以热量、荧光或磷光的形式发散出去，从而保护高聚物免受紫外线的破坏，应用较多的是金属络合物，如镍、钴、铁的有机络合物。

② 抗氧剂 能够抑制或者延缓高聚物在空气中因氧化引起变质的物质，称为抗氧剂或防老剂。由于高聚物的多数氧化降解反应属于自由基型连锁反应机理，即在热、光或氧的作用下，高聚物的化学键发生断裂，生成活泼的自由基和氢过氧化物。氢过氧化物发生分解反应，生成烃氧自由基和羟基自由基，这些自由基可以引发一系列的自由基链式反应，导致高聚物的结构和性质发生根本变化。

抗氧剂的作用是消除刚刚产生的自由基，或者促使氢过氧化物的分解，阻止链式反应的发生。

抗氧剂从反应机理来分为两大类型，能消除自由基的抗氧剂有芳香胺和受阻酚等化合物及其衍生物，如2,6-二叔丁基-4-甲基苯酚抗氧剂（264）、*N*,*N*-二苯基对苯二胺等称为主抗氧剂；能分解氢过氧化物的抗氧剂有含磷和含硫的有机化合物，如双十二碳醇酯、三辛酯、三癸酯等称为辅助抗氧剂。

防老剂通常在树脂的捏合、造粒、混炼或热加工前混入，也可在聚合过程中加入，也可将防老剂配成溶液，浸涂或喷涂在高聚物制品的表面，以达到防止老化的目的。

（4）加强物理防护

采用在高分子材料表面涂漆、镀金属、浸涂防老剂溶液等物理方法，可保护高聚物与外界隔绝，不会受外因作用而发生老化。

四、绿色高分子

绿色高分子材料是指相对于常规高分子材料来说，在高分子材料合成、制造、加工和使用过程中不会对环境产生危害，也称环境友好高分子材料。如何不污染环境地处理掉不能被环境自然降解的废弃高分子材料，如何开发利用可环境降解的高分子材料，是高分子绿色化工工程中的两大关键课题。

1. 环境惰性高分子废弃物的处理

环境惰性高分子即在环境中不能自然降解的高分子。高分子材料的大量生产和消费，带来了大量废弃物的产生，这些高分子废弃物将对环境带来污染问题，如农用农膜、地膜，由于不能自然降解、风化、水解，这些废弃物残存在土地中，不仅会造成土地板结，农作物减产，残膜中的有害添加剂还会通过土壤富集于蔬菜、粮食中，会影响人类健康。目前，处理环境惰性高分子的废弃物有三种方法。

(1) 土埋法

由于高聚物不易降解，往往埋上几十年甚至几百年依然存在，会占用大量土地，还会造成土壤劣化，此法不适合。

(2) 焚烧法

焚烧会产生大量有害、有毒气体和残渣，造成二次污染，此法也不适合。

(3) 废弃物的再生与循环利用法

此法既变废为宝，能节约石油资源，又能减少对环境的污染，是符合绿色高分子概念的方法。

2. 可环境降解高分子材料的开发

随着高分子工业的快速发展，应用领域的逐步扩大，合成高分子材料的废弃量大量增大，对环境保护造成了极大的压力。因此开发和利用可降解高分子材料具有重要的现实意义。

目前研究开发得较多的生物降解高分子材料有脂肪族聚酯类、聚乙烯醇、聚酰胺、聚酰胺酯及氨基酸等。其中产量最大、用途最广的是脂肪族聚酯类，如聚乳酸（聚羟基丙酸）、聚羟基丁酸、聚羟基戊酸等。这类聚酯由于酯键易水解，而主链又柔，易被自然界中的微生物或动植物体内的酶分解或代谢，最后变成CO_2和水。

利用生物技术制备可生物降解高分子材料，符合绿色高分子概念。例如天然纤维素或糖经细菌发酵，能制得羟基丁酸和羟基戊酸，用它们聚合出的高聚物性能类似于聚丙烯，但能完全环境降解；又如用玉米和甜菜为原料，经发酵得乳酸，本体聚合成聚乳酸，用它制成医用外科缝合线，可自然降解掉，不用拆线；用它代替聚乙烯作为包装材料和农用薄膜，解决了这一领域令人头疼的大量废弃物的处理问题。可见，利用生物技术，从原料到产品、从生产到应用、直至废弃后的处理，能完全不产生任何对环境的污染，并且以可再生的农副产品为原料代替日趋短缺的不可再生的石油资源，这真正体现了绿色的内涵。我们相信，随着人类社会的不断进步，高分子材料绿色化的概念会成为人类的共识。

自我评价

1. 什么是高聚物的化学反应，研究高聚物化学变化的目的是什么？
2. 高聚物化学变化的主要类型、特点有哪些？

3. 为什么聚氯乙烯在200℃以上加工会使产品颜色变深？
4. 为什么聚丙烯腈不能采用熔融纺丝，而只能采用溶液纺丝？
5. 尝试解释离子交换树脂使水净化的原理。
6. 为了合成维尼纶纤维的原料，从醋酸乙烯酯单体到聚乙烯醇，需要经过哪些反应？写出有关的化学方程式。
7. 写出聚乙烯氯化反应及氯磺化反应式，并说明产物的用途。
8. 什么是光稳定剂？说明其主要类型及作用机理。

参 考 文 献

[1] 潘祖仁．高分子化学．第 5 版．北京：化学工业出版社，2011.

[2] 胡学贵．高分子化学及工艺学．北京：化学工业出版社，1991.

[3] 薛叙明，张立新．高分子化工概论．北京：化学工业出版社，2011.

[4] 徐玲．高分子化学．北京：中国石化出版社，2010.

[5] 侯文顺．高聚物生产技术．第 2 版．北京：化学工业出版社，2013.

[6] 卢江，梁辉．高分子化学．北京：化学工业出版社，2004.

[7] 张晓黎．高聚物产品生产技术．北京：化学工业出版社，2010.

[8] 张兴英．高分子化学．北京：化学工业出版社，2006.

[9] 贾红兵．高分子化学导读与题解．北京：化学工业出版社，2010.

[10] 师奇松，于建香．高分子化学试题精选与解答．北京：化学工业出版社，2010.